"十二五"职业教育国家规划教材
工作导向创新实践教材

基础机器人制作与编程

（第2版）

秦志强　侯肖霞　王文斌　编译

電子工業出版社
Publishing House of Electronics Industry
北京·BEIJING

内 容 简 介

本书是工作导向创新实践教材系列的第一本，也是引领没有任何工程背景的学生进入工程领域的首本教材。本书以两轮小型机器人作为工作对象，围绕机器人的制作和编程展开，将 BASIC Stamp 单片机微控制模块和基础的编程技术与技巧融入到一系列典型的制作与编程任务中，通过先实践后归纳的教学方法，启迪学生掌握基础的单片机控制技术和编程技术，并激发学生的学习兴趣和热情，达到培养学生理论联系实践的分析问题和解决问题能力的目的。

本书可作为中等职业教育和高等职业教育的机器人课程，也可以作为本科院校工程训练教材，还可以作为广大信息技术爱好者的入门读物，甚至可以作为管理类和文科类学生了解科学与工程常识的配套教材。

本书是根据美国 Parallax 公司出版的教材 *Robotics with the Robot* 翻译和改编而成的，为适应中国高职高专和大学工程训练的需要，对部分章节进行了删减。

图书在版编目（CIP）数据

基础机器人制作与编程 / 秦志强，侯肖霞，王文斌编译. —2 版. —北京：电子工业出版社，2011.3
工作导向创新实践教材
ISBN 978-7-121-13006-9
Ⅰ. ①基… Ⅱ. ①秦… ②侯… ③王… Ⅲ. ①机器人－制造－高等学校：技术学校－教材 ②机器人－程序设计－高等学校：技术学校－教材 Ⅳ. ①TP242

中国版本图书馆 CIP 数据核字（2011）第 029781 号

策划编辑：田领红
责任编辑：李　蕊
印　　刷：北京七彩京通数码快印有限公司
装　　订：北京七彩京通数码快印有限公司
出版发行：电子工业出版社
　　　　　北京市海淀区万寿路 173 信箱　邮编 100036
开　　本：787×980　1/16　印张：11.5　字数：250 千字
版　　次：2007 年 8 月第 1 版
　　　　　2011 年 3 月第 2 版
印　　次：2017 年 1 月第 5 次印刷
定　　价：25.00 元

凡所购买电子工业出版社图书有缺损问题，请向购买书店调换。若书店售缺，请与本社发行部联系，联系及邮购电话：（010）88254888，88258888。

质量投诉请发邮件至 zlts@phei.com.cn，盗版侵权举报请发邮件至 dbqq@phei.com.cn。

本书咨询联系方式：（010）88254015　wangzs@phei.com.cn　QQ：83169290。

第 2 版前言

《基础机器人制作与编程》教材自 2007 年出版以来，由于教学理念新颖、寓教于乐、内容可操作性强、硬件成本低的特点，被众多高等院校和职业技术学院选为教材，在使用过程中，读者提出了很多宝贵的意见和建议，在此表示深深的感谢。经过进一步的修订和完善，本书的第 2 版于 2014 年有幸成为“十二五”职业教育国家规划教材，这是对编者的肯定，更是一种鞭策，我们需要更加努力的做好这本书，来答谢每一位读者。

工作导向的概念不只是一个简单的概念游戏，而是包含了深刻的哲理。学习的目的，特别是对于未来想从事工程师职业的学生而言，不仅是学习某个专业的知识体系，而是要获得未来从事工程师职业的专业技能和胜任未来技术进步的学习技能。这些技能不是仅靠一到两个项目的实践就能获得的，而是应该从大学一入学就开始准备，经过反复的循序渐进和螺旋式上升的学习和实践过程而获得的。

工程师是为了解决问题，这种解决问题的能力只有从实践中才能获得。当然，单纯的实践也无法获得真正的能力，关键是如何从实践的经验和体会中，归纳出共性的知识，建立起知识体系，然后再将这些知识重新应用到新的实践当中去。这也是我们在未来实际工作中必须采取的学习和工作方法。因此，如何在大学三年或四年中，掌握这种自我学习和提高的方法，是工程教育改革的根本目的。而相应的教材就是应该按照这种未来学习和工作的方法来编写。做到了这一点，才是真正实践了工作导向的哲学理念：实践、归纳、推理和再实践。

本书作为工作导向创新实践教材的第一本入门书，目的是通过基础机器人的制作与实践，让读者可以体验工程师的工作思路和工作方法，并同时掌握现代工程师所必备的一项基本技能——编程的基本思路和方法，了解微控制器的输入和输出接口特性。然后再利用后续教材重复同样的学习过程，通过类比和分析，就可以归纳出现代工程师编程的核心知识和技能。同时，因为对于同样的项目和课题，采用了不同的单片机和编程语言去实现，也让读者能够从中掌握和理解分析问题和解决问题的根本方法。与本教材配套的后续教材包括《C51 单片机应用与 C 语言程序设计》（第 2 版）、《AVR 单片机与小型机器人制作》、《智能传感器应用项目教程》等，目的是让读者在两年内就可以沿着这样一个系统的循序渐进的过程掌握工程师所需要的核心知识和技能，并胜任工作的需求。

对于未来想成为嵌入式系统开发工程师的学生而言，只有学习完单片机等课程并且能够很好掌握，才有可能进一步学习 ARM、VC 和 Linux 等高级嵌入式课程。无论是本科生还是高职学生，这个规律都很难打破。通过两年多的努力，我们已经基本完成了从基础入门，到 8 位单片机 AVR 或 C51 等基础嵌入式系统，再到 ARM 和 DSP 等高端嵌入式系统的系列化教材，让同学们可以从一个没有任何编程基础的学生循序渐进地成长为可以进行复杂嵌入式系统设计和开发的工程师，具体教材列表如表 1 所示。

表 1 工作导向创新实践教材——嵌入式方向

<table>
<tr><th>教 材 类 型</th><th>教 材 名 称</th><th>基本教学课时</th><th>拓 展 空 间</th><th>配 套 平 台</th></tr>
<tr><td>基础入门</td><td>基础机器人制作与编程</td><td>40～50 学时</td><td>各种传感器应用项目 20 个</td><td>BASIC 编程控制的鸥鹏机器人套件</td></tr>
<tr><td rowspan="2">专业基础</td><td>C51 单片机与小型机器人制作</td><td rowspan="2">50～70 学时</td><td rowspan="2">各种传感器应用项目 30 个</td><td rowspan="2">C51/AVR 控制的鸥鹏机器人套件，C 语言编程</td></tr>
<tr><td>AVR 单片机与小型机器人制作</td></tr>
<tr><td rowspan="4">专业课</td><td>智能传感器应用项目教程</td><td>50～70 学时</td><td>各种智能传感器综合项目</td><td>C51/AVR 控制的鸥鹏机器人套件，C 语言编程</td></tr>
<tr><td>基于 ARM Cortex-M3 的 STM32 系列嵌入式微控制器应用实践</td><td>80～100 学时</td><td>各种传感器应用项目 30 个</td><td>Cortex-M3 控制的鸥鹏机器人套件，C 语言编程</td></tr>
<tr><td>基于 ARM Cortex-M3 的 STM32 系列嵌入式微控制器高级实践</td><td colspan="3" rowspan="2">策划中（带操作系统，采用 VC 等编程）</td></tr>
<tr><td>基于 ARM 嵌入式实时系统设计与实践</td></tr>
</table>

因为是工作导向，所以每套教材都必须配有相应的硬件设备方能达到最佳的教学效果。所有教材都使用同一个鸥鹏机器人套件对象，不同的只是教学板单片机和编程语言平台，这样做的原因除了前面提到的便于读者进行类比和分析以外，也是为了节约读者的成本支出，虽然这个支出在目前的商业社会中显得微不足道。对于一些拓展项目所需要用到的传感器等扩展器材，读者除了可以到鸥鹏科技的网站 www.szopen.cn 上搜寻外，还可以发挥自己的创造力去其他站点搜寻。

这次再版的教材结构和内容都没有太大的变化，只是增加了一章采用光敏电阻导航的内容。再版的教材基本上保留了原版的风格和特点，即

① 寓教于乐，兴趣为先，采用机器人作为整本教材的项目实践内容，非常容易引起学生的兴趣和学习热情；

② 机器人对象采用伺服舵机作为控制与驱动电机，非常容易控制，便于老师和同学入门，并将重点放在时序和逻辑的控制，而不是电机的复杂控制原理；

③ 基础传感器等耗材采用非常便宜和易于获得的触觉、光敏和红外传感器，便于学校降低成本，普及项目教学；

④ 每讲最后都有工程素质和技能归纳，启发学生进行知识的归纳和系统化。

本教材再版之后，无论是高职院校还是大学本科都可以采用，具体的教学安排完全可以

根据学校原有的教学计划，只是上课的方式要进行调整，不必再单独开设理论和实验课程，项目拓展课程可以根据每个学校的情况灵活设置，没有必要统一。

本书的再版，要特别感谢电子工业出版社的田领红编辑，同时还要感谢深圳市中科鸥鹏智能科技有限公司的钟梅，没有她们的共同努力，本书不可能如此迅速地再版。限于时间与水平，书中难免有不妥之处，敬请批评指正。

中科鸥鹏智能科技有限公司董事长

秦志强

目　　录

第1讲　机器人大脑及编程软件的安装与使用

学习情境

人之所以为人，是因为人有一个比动物更加发达的大脑。机器人之所以能够叫做机器人，要么是因为它有一个其他机器所没有的大脑，要么是因为它有一个与其他自动化机器不同的大脑。许多自动化机器都有类似大脑的部分，在工程设计中称为自动控制器。之所以没有将它们称为机器人，完全是由人为因素决定的。

机器人的大脑和其他自动化机器的控制器之间的关系就像人的大脑和其他动物大脑之间的关系一样，从物质构成或硬件构成来看，几乎没有什么区别，有区别的是意识或软件，而且意识或软件的区别也并不是本质的区别，而仅仅是智能程度的差异或思考问题的方式之间的差别。因此，如果掌握了机器人大脑的开发和使用方法，也就掌握了其他自动化机器的控制器的开发和使用方法。

机器人大脑和其他自动化机器的控制器一样，都是由计算机构成的。所有简单的自动化机器同本书要制作的基础机器人一样都采用一种叫做微控制器的单片计算机（简称单片机）进行思考和控制。为了学习的方便，直接引导大家首先掌握编程或软件的本质，本书采用美国派拉力狮（Parallax）公司的 BASIC Stamp 微控制器作为机器人的大脑，以避开与单片机硬件有关的复杂知识。

机器人的大脑同人的大脑一样，工作时需要有能量，因此使用前的第一件事就是要给微控制器接通电源；然后需要安装并测试一些软件，以便用某种编程语言编写一些机器人所需要的软件从而使机器人具有一定的思想。

本讲通过以下步骤告诉你如何安装和使用机器人微控制器的编程环境并教你如何开始编写 BASIC Stamp 程序，以使你的机器人具有思想。

- 寻找并安装编程软件。
- 连接 BASIC Stamp 模块到电池供电的电源。
- 连接 BASIC Stamp 模块到计算机，以便编程。
- 初次编写少量的 PBASIC 程序。
- 完成后断开电源。

BASIC Stamp 模块和教学板简介

如图 1.1 所示为一块 BASIC Stamp 2 模块和教学底板。实际上，一块 BASIC Stamp 2 模块就是一个很小的计算机。这个很小的“计算机”插在教学底板上，就像人的大脑需要颅骨支撑一样。同时教学底板使 BASIC Stamp 模块与电源及串口线很容易连接。在后面的章节中，还会看到在教学底板上可以搭建传感器电路，并且使搭建的电路与 BASIC Stamp 模块连接变得非常简单。

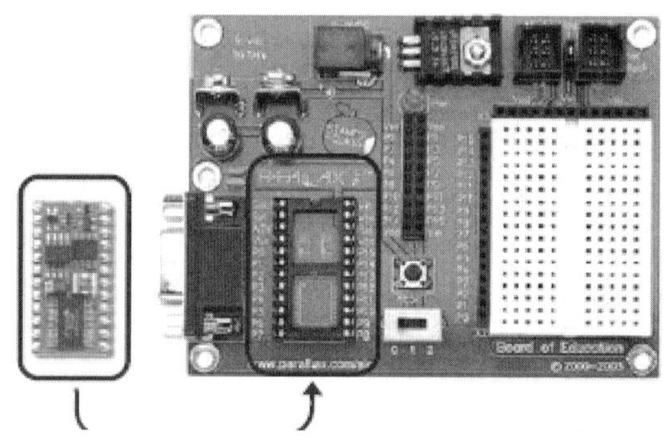

图 1.1　BASIC Stamp 2 模块（左）和教学底板（右）

任务 1：获得软件

本书中，机器人任务和项目都要使用 BASIC Stamp 编辑器（版本 2.0 或以上）。该软件允许你在计算机上编写程序并下载到机器人的 BASIC Stamp 内核里。它的界面也可以显示 BASIC Stamp 反馈的信息，即允许机器人通过这种方式把它正在做什么和感觉到什么报告给你——我们未来的机器人专家。

计算机系统需求

你将需要一台计算机或笔记本电脑来运行 BASIC Stamp 编辑器软件，要求如下：

- Windows 98 及以上操作系统。
- 一个串口或 USB 端口。
- 光驱、互联网或两者兼有。

从因特网上下载软件

从派拉力狮公司的网站上可以很容易地下载 BASIC Stamp 编辑器软件。下载过程中将

出现如图 1.2 所示的页面，或许与你访问网页时看到的不同，因为派拉力狮的网站在不断更新，但步骤是类似的：

- 通过浏览器，访问 www.parallax.com 网站。
- 鼠标寻找“Downloads”菜单，显示选项。
- 鼠标寻找“BASIC Stamp”链接，单击。
- 进入 BASIC Stamp 软件页面后，将发现有 2.0 或更高版本的编辑器可供下载。
- 单击下载图标。如图 1.2 所示，下载图标像一个文件夹，其左边的描述为“BASIC Stamp Windows Editor version 2.3.1（4.3MB）”。

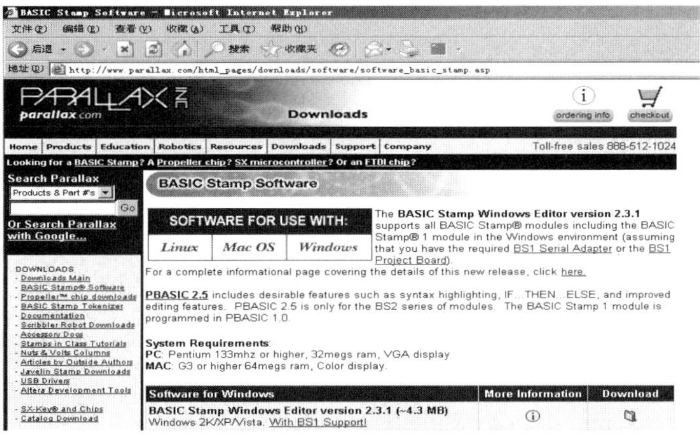

图 1.2　下载页面

- 文件下载窗口显示如图 1.3 所示的对话框，单击“保存”按钮保存文件到硬盘。

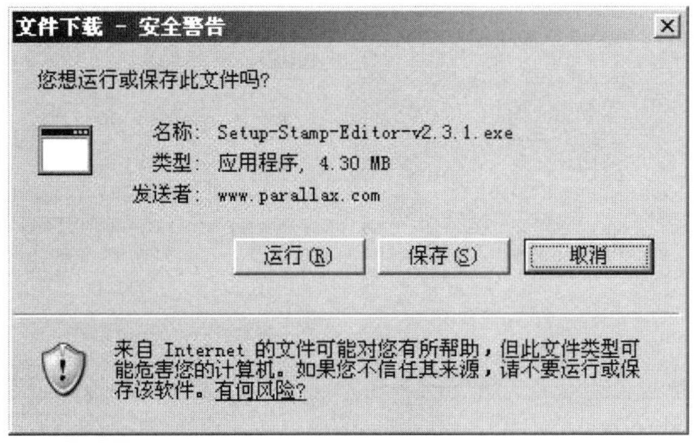

图 1.3　文件下载对话框

- 如图 1.4 所示为“另存为”对话框。你可以用“保存在”区域浏览你的计算机硬盘，找一个理想的存储文件的位置。

图 1.4　“另存为”对话框

- 选定下载文件的保存位置后，单击“保存”按钮。
- 当下载 BASIC Stamp 编辑器安装程序时（如图 1.5 所示），等待一会儿。如果用的是调制解调器，下载 BASIC Stamp 编辑器安装程序可能需要一点时间。
- 下载完成后，出现如图 1.6 所示的对话框，此时可以直接跳到任务 2 对软件进行安装，并打开它。

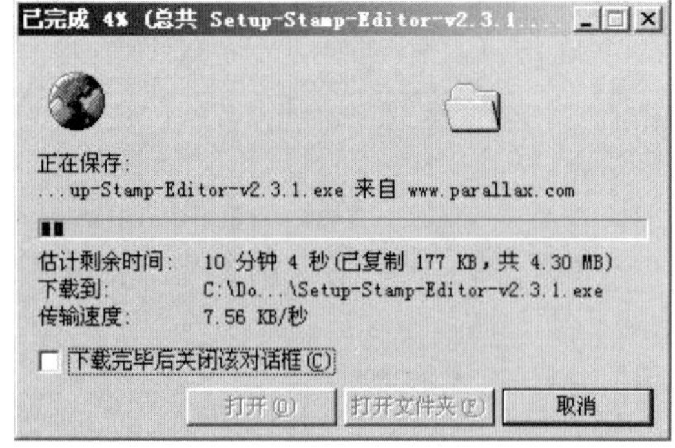

图 1.5　下载进程对话框

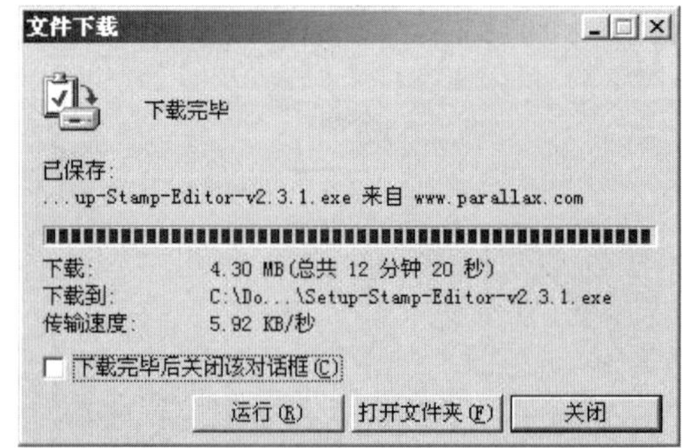

图 1.6　下载完成，提示安装对话框

在产品光盘中寻找编辑器安装软件

你也可以在产品光盘中找到 BASIC Stamp 编辑器安装软件。

- 把产品光盘放入计算机光驱中。光盘浏览器被称为“Welcome”应用程序，如图 1.7 所示，把光盘放入计算机光驱中就可自动运行。
- 如果“Welcome”应用程序没有自动运行，则双击“我的电脑”图标，再双击光驱图标，然后双击“Welcome”。
- 单击“Software”链接，如图 1.7 所示。

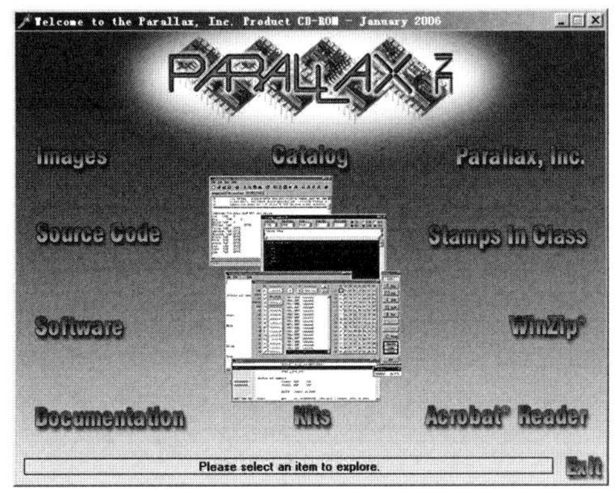

图 1.7　Parallax 光盘浏览器界面

- 单击与“BASIC Stamps ”文件夹连接的“+”号，如图 1.8 所示。
- 单击与“Windows”文件夹连接的“+”号。
- 单击标志有“Stamp 2/2e/2sx/2p/2pe (stampw.exe)”的软盘图标。
- 继续进行到任务 2，即可安装软件。

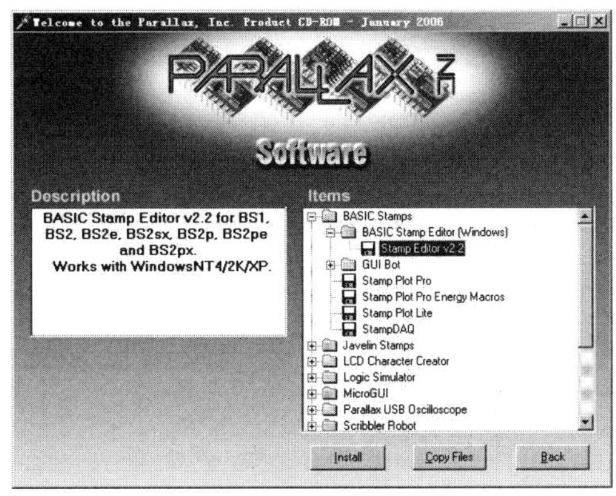

图 1.8　从软件页面里选择安装软件

任务 2：安装软件

到目前为止，可以从网站上下载，也可以从光盘中找到 BASIC Stamp 的编辑器安装程序，接下来就要运行它。

一步一步进行软件安装

- 如果 BASIC Stamp 编辑器安装软件是从网站上下载的，那么单击下载完成窗口中的"运行"按钮，如图 1.9 所示。

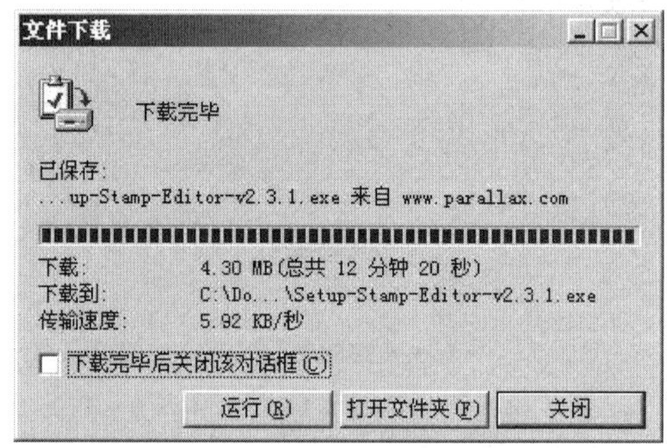

图 1.9　下载完成对话框

- 如果是从光盘中安装，则单击"Install"按钮，如图 1.10 所示。

图 1.10　Parallax 光盘浏览器

● 当 BASIC Stamp 编辑器安装向导窗口打开后，单击“Next”按钮，如图 1.11 所示。

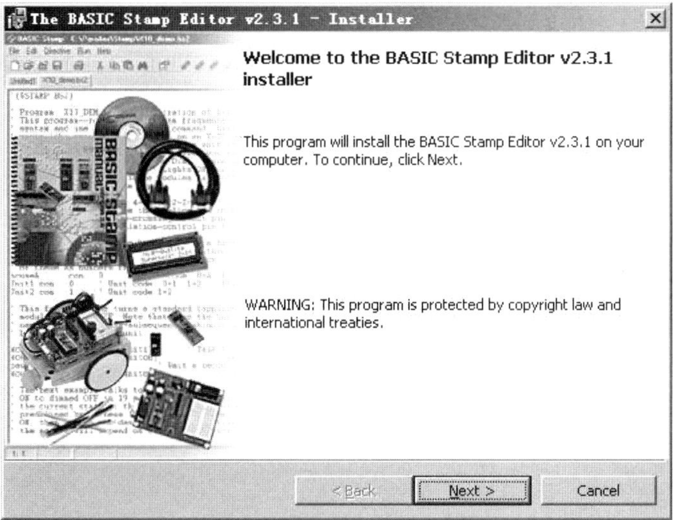

图 1.11　编辑器安装向导

● 安装类型选择“Complete”（完全安装）单选钮，如图 1.12 所示。单击“Next”按钮执行下一步。

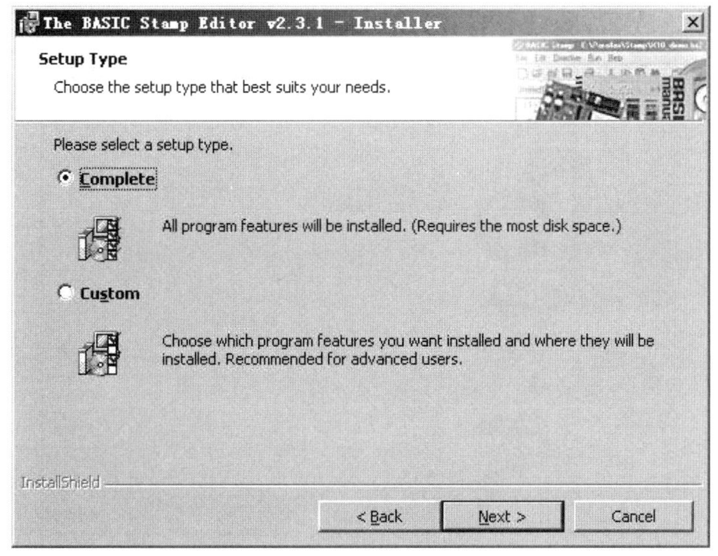

图 1.12　安装类型选择对话框

● 当安装向导提示“Ready to Install the Program”时，单击“Install”按钮开始安装，如图 1.13 所示。

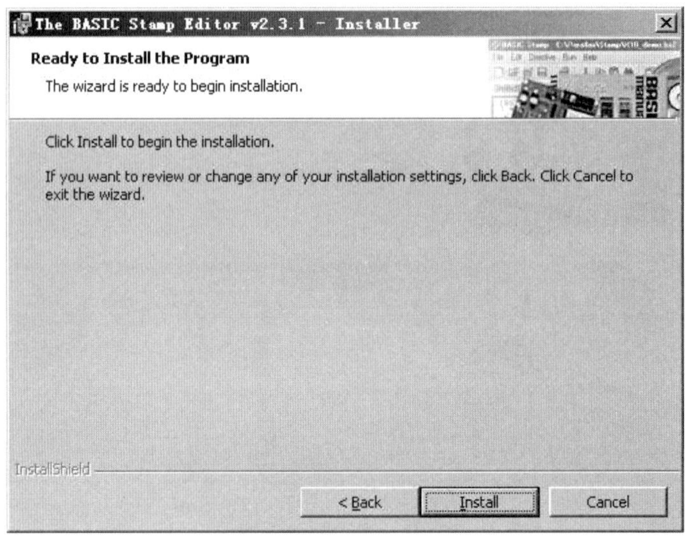

图 1.13　准备安装，单击“Install”按钮

● 当安装向导提示“BASIC Stamp Editor v2.3.1 Installation Completed”（编辑器安装顺利完成）时，如图 1.14 所示，单击“Finish”按钮。

图 1.14　安装向导结束安装

任务 3：硬件安装及系统测试

BASIC Stamp 需要连接电源以便运行，同时也需要连接到 PC（或笔记本电脑）以便编程。以上接线完成后，就可以用编辑器软件对系统进行测试了。下面将告诉你如何完成上述任务。

计算机串口设置

BASIC Stamp 教学底板通过串口电缆（或 USB 转串口适配器）连接到 PC（或笔记本电脑）上。

如果使用串口电缆，那么将如图 1.15 所示的串口线连接到计算机后面的 COM 端口上。如果要用 USB 转串口适配器，请按照适配器硬件和软件安装说明书进行。如图 1.16 所示为派拉力狮公司常用的适配器。

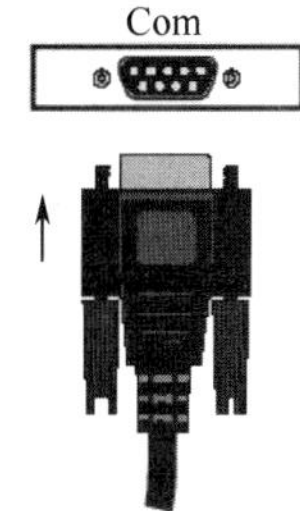

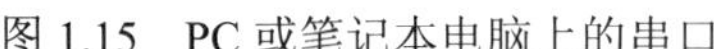

图 1.15　PC 或笔记本电脑上的串口

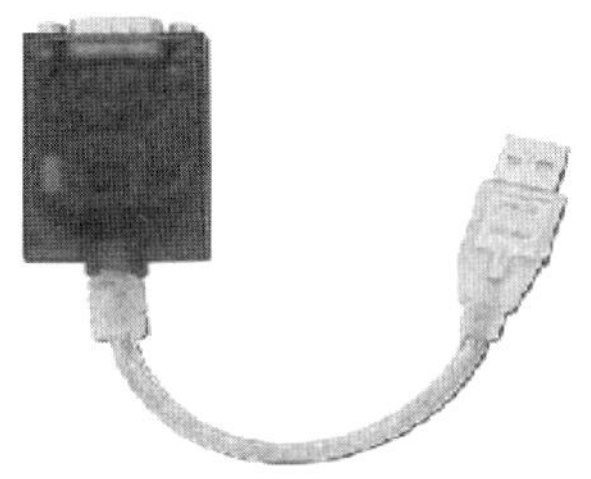

图 1.16　USB 转串口适配器

编程电缆连接到计算机以后，就该组装硬件了。所需硬件如图 1.17 所示，包括：

图 1.17　工作所需硬件

（1）一条四件装的橡胶脚垫。

（2）电池盒。

（3）BASIC Stamp 2 模块。

（4）教学底板。

（5）新的五号碱性电池。

连接硬件

橡胶脚垫如图 1.18 所示，在教学底板下面有圆圈标记的位置，用于粘贴橡胶脚垫。

● 把橡胶脚垫从黏性包装条上剥离，粘贴在教学底板的下面。

教学底板（Rev C）上有一个三位开关，如图 1.19 所示，“0”位关断教学底板电源。无论你是否将电池组或其他电源连接到教学底板上，只要三位开关设定为“0”，则设备都将处于关闭状态。

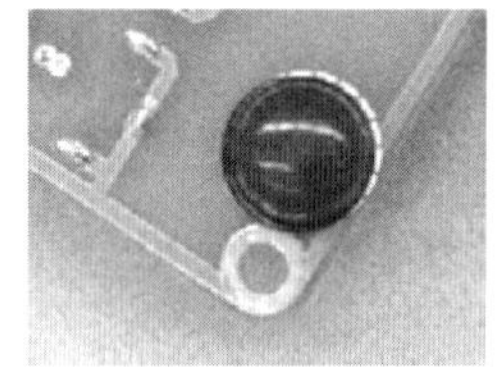

图 1.18　橡胶脚垫（左）粘贴在教学底板的下面（右）

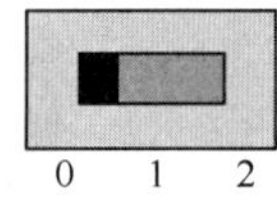

图 1.19　处于关闭状态的三位开关

● 把教学底板上三位开关设定为“0”位状态。

● 如图 1.20 所示，将每一个电池放到电池盒中时，都要按照塑料盒子里面标记的电池极性（“+”和“-”）的方向装入。

图 1.20　电池组极性指示（左）和正确插装（右）图

● 如果 BASIC Stamp 模块还没有插入教学底板中，则按照图 1.21 中的步骤①所示插入教学底板的插座上。

- 确认 BASIC Stamp 模块各引脚完全对准插座上的插孔，用力压下并接插稳固，模块应该压下 3mm 左右。

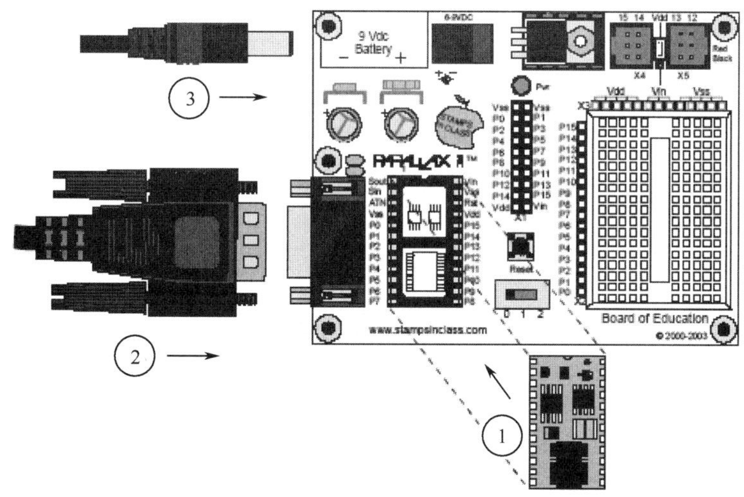

图 1.21　将教学底板、BASIC Stamp 模块、串口、电源按照示意图的顺序连接

- 按照图 1.21 中的步骤②所示，将串口电缆插入教学底板。
- 按照图 1.21 中的步骤③所示，将电池盒插头插入 6～9V 直流电源插座。连接好的 BASIC Stamp 模块和教学底板如图 1.22 所示。

图 1.22　连接好的 BASIC Stamp 模块和教学底板

- 将三位开关由“0”位拨至“1”位，打开电源。
- 教学底板上标有“Pwr”的绿色小灯应该变亮。
- 跳到通信测试相关部分。

通信测试

图 1.23　编辑器快捷方式图标

- 双击计算机桌面上 BASIC Stamp 编辑器的快捷方式运行程序，编辑器快捷方式图标如图 1.23 所示。
- BASIC Stamp 编辑器软件界面如图 1.24 所示。

为了确认 BASIC Stamp 模块与计算机通信正常，单击“Run”菜单项，选择“Identify”选项。

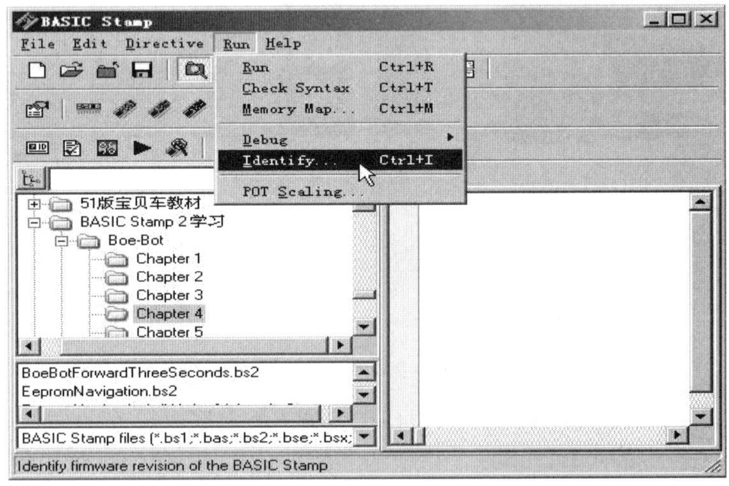

图 1.24　BASIC Stamp 编辑器软件界面

- 出现一个如图 1.25 所示的窗口，样例显示系统在 COM2 端口检测到 BASIC Stamp 2。

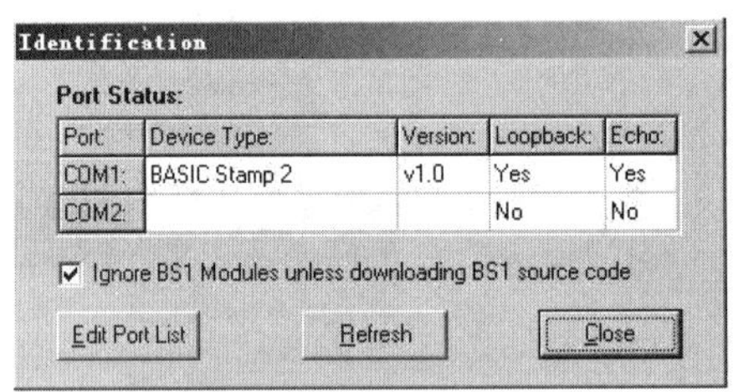

图 1.25　检测窗口

- 检查检测窗口，如果 BASIC Stamp 2 被检测到在某个 COM 端口上，可以开始任务 4，即你的第一个程序。
- 如果在 COM 端口上没有检测到 BASIC Stamp 2，请检查 PC 与 BASIC Stamp 的连接是否可靠或计算机的硬件资源配置是否合适。

任务 4：你的第一个程序

你即将编写的第一个程序将使机器人的大脑 BASIC Stamp 模块发送一条信息给 PC（或笔记本电脑）。图 1.26 显示微控制器如何通过发送 0、1 数据流来传递需要显示在 PC 或笔记本电脑上的文本字符。这些“0”、“1”称为二进制数字。BASIC Stamp 软件编辑器能够检测这些二进制信息，并将其转换为字符后显示出来。

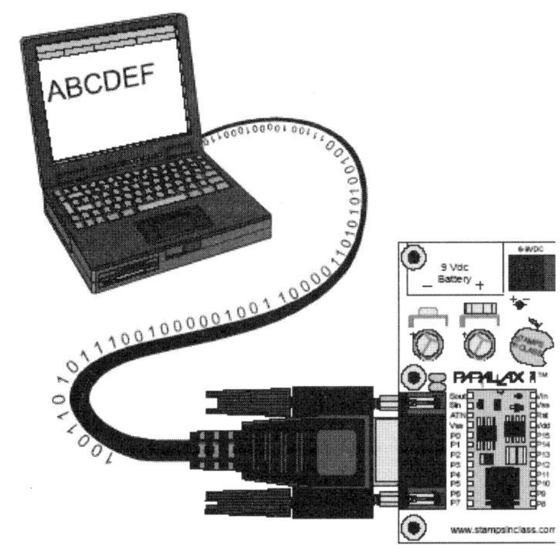

图 1.26　数据流从 BASIC Stamp 微控制器发送到笔记本电脑

下面是第一个程序例程：

例程：HelloBoeBot.bs2

```
' Robotics with the Boe-Bot - HelloBoeBot.bs2
' BASIC Stamp sends a text message to your PC/laptop.

' {$STAMP BS2}
' {$PBASIC 2.5}
DEBUG "HELLO, this is a message from your Boe-Bot."

END
```

将该例程输入 BASIC Stamp 编辑器。许多行代码通过单击工具栏中的按钮会自动生成，其他的需要通过键盘输入。

- 单击工具栏中的 BS2 图标（绿色倾斜芯片），图标突出显示，如图 1.27 所示。如果鼠标停在该图标上，会出现“Stamp Mode: BS2”帮助信息提示。

- 单击标有“2.5”的图标，图标突出显示，如图 1.28 所示。帮助信息提示为“PBASIC Language: 2.5”。

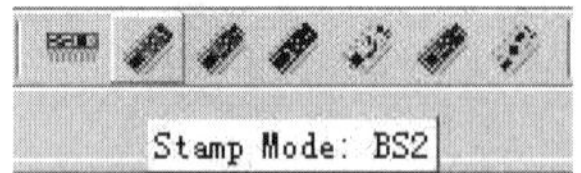

图 1.27　BS2 图标

图 1.28　PBASIC 2.5 图标

- 把剩余的程序代码准确地输入 BASIC Stamp 编辑器中，如图 1.29 所示。注意最前面的两行应该在编译器指令之上，其余的代码在编译器指令之下。

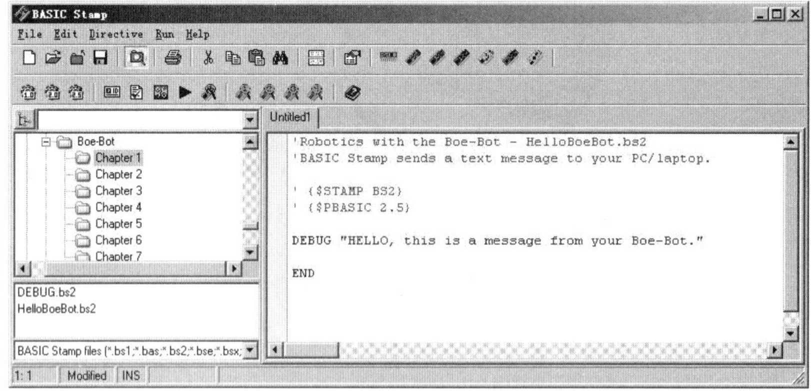

图 1.29　输入到 BASIC Stamp 编辑器中的程序 HelloBoeBot.bs2

- 单击“File”菜单项，选择“Save”选项进行保存，如图 1.30 所示。

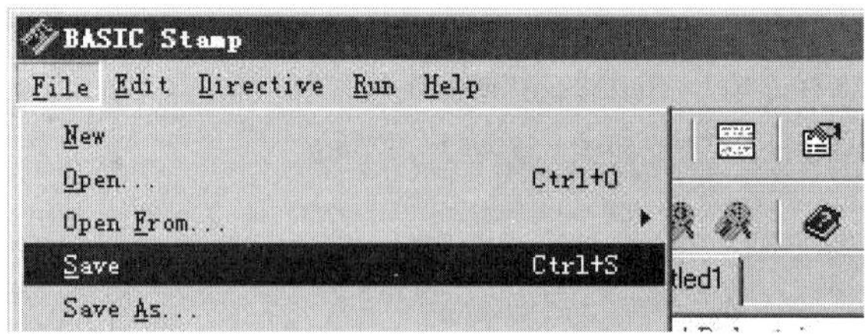

图 1.30　保存程序 HelloBoeBot.bs2

- 在靠近“另存为”对话框底部的“文件名”栏中输入“HelloBoeBot.bs2”，如图 1.31 所示。
- 单击“保存”按钮保存。

图 1.31　输入文件名保存

● 单击“Run”菜单项，选择“Run”选项，如图 1.32 所示，运行程序 HelloBoeBot.bs2。

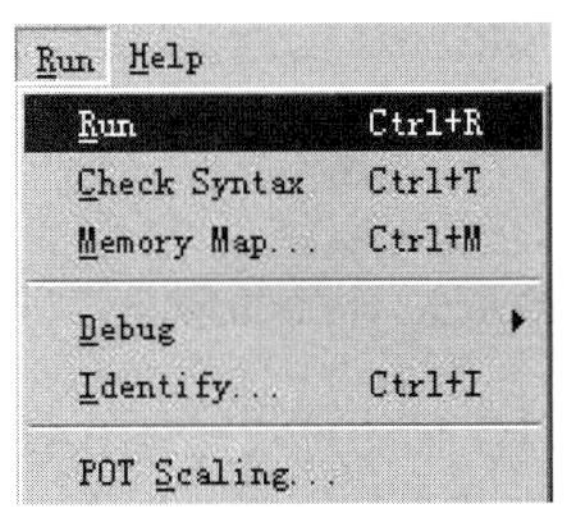

图 1.32　运行程序 HelloBoeBot.bs2

一个简洁的显示程序框将显示从 PC（或笔记本电脑）下载程序到 BASIC Stamp 上的进度过程。下载完成后将显示调试终端，如图 1.33 所示。可以通过按下和释放教学底板上的“Reset”按钮来验证这条信息是从 BASIC Stamp 发出的。每次按下并释放该按钮，程序就重新执行，会看见另一则同样的消息再次显示在调试终端界面。

● 按下并释放“Reset”复位按钮，有没有看见“Hello...”消息再次出现在调试终端界面里呢？

BASIC Stamp 编辑器为绝大多数普通任务提供了快捷键。例如，运行程序时，你可以同时按“Ctrl”键和“R”键，也可以单击“Run”按钮（一个蓝色三角符号），如图 1.34 所示，就像 CD 播放器的播放按钮。可以用鼠标指向其他按钮来得到相似的提示信息，告诉你它们是做什么的。

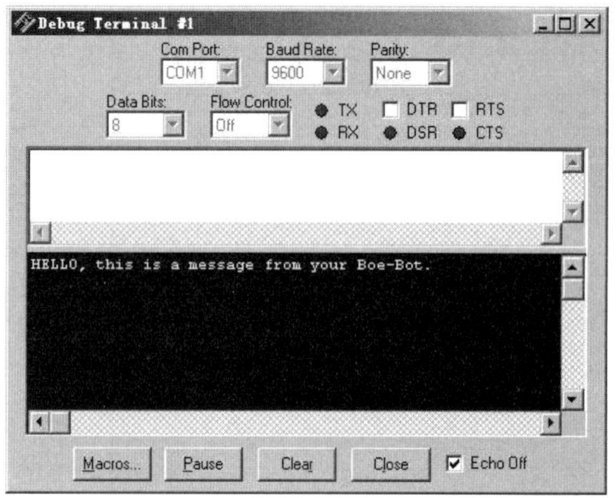

图 1.33　调试终端界面

图 1.34　BASIC Stamp 编辑器快捷按钮

HelloBoeBot.bs2 是如何使 BASIC Stamp 工作的

例程中最前面的两句代码是注释。注释是程序执行过程会被忽略的文字，因为注释是为了给人阅读，不是给微控制器阅读的。在 PBASIC 语言中，所有以右单引号开始的语句，执行时都会被认为是注释。下面第一句的注释告诉读者该例程的文件名是什么；第二句的注释包含一句简单的单句描述，说明程序是做什么的。

```
' HelloBoeBot.bs2
' BASIC Stamp sends a text message to your PC/laptop.
```

随后有几个特殊的消息语句，以注释的方式写进 BASIC Stamp 编辑器，这些消息语句叫做编译器指令。本书中所有的例程都要用到这两条指令。

```
' {$STAMP BS2}
' {$PBASIC 2.5}
```

第一条指令是“STAMP”，它告诉 BASIC Stamp 编辑器将下载程序到 BASIC Stamp 2；第二条指令是“PBASIC”，它告诉 BASIC Stamp 编辑器你使用的是 2.5 版本的 PBASIC 编程语言。

一个指令就是一个能让 BASIC Stamp 做某项特定工作的关键词。

在本程序中，两条指令中的第一条是“DEBUG”指令：

```
DEBUG "HELLO, this is a message from your Boe - Bot."
```

这个指令是让 BASIC Stamp 通过串口电缆发送一条信息到 PC。

第二条指令是“END”指令：

```
END
```

在程序运行结束之后，这个指令把 BASIC Stamp 模块置于低功耗模式。在低功耗模式下，BASIC Stamp 模块等待复位键按下（或释放）或有新的程序通过编辑器下载。如果教学底板上的复位键被按下，BASIC Stamp 模块将再运行一次已加载的程序；如果新程序被加载进来，则旧程序会被擦除，并且开始运行新程序。

该你了——“DEBUG”格式说明和控制字符

“DEBUG”格式说明就是让 BASIC Stamp 发送到调试终端的信息以某种特定方式显示的代码字。DEC 就是一个格式说明的例子，它告诉调试终端显示一个十进制数值。CR 是一个控制字符的例子，它向调试终端发送一个回车指令。控制字符 CR 之后的文本或数值将显示在前面文本的下一行上。你可以修改程序使它包含更多的带有格式说明和控制字符的 DEBUG 指令。下面举一个例子说明如何添加 DEBUG 指令。

- 单击“File”菜单栏并选择“Save As”选项，把程序用新的名字另存。
- 一个好的新的文件名可以是 HelloRobotYourTurn.bs2。
- 修改程序开头的注释如下：

```
' Robotics with the Boe - Bot - HelloRobotYourTurn.bs2
' BASIC Stamp does simple math, and sends the results
' to the Debug Terminal.
```

- 把以下三行代码添加在第一个 DEBUG 指令和 END 指令之间。

```
DEBUG CR, "What's 7 X 11?"
DEBUG CR, "The answer is: "
DEBUG DEC 7 * 11
```

- 保存你所做的修改。

现在，你的程序应该和图 1.35 所显示的类似。

运行修改后的程序。提示：既可以单击菜单项中的“Run”选项（如图 1.32 所示），也可以单击工具栏中的快捷按钮来运行（如图 1.34 所示）。

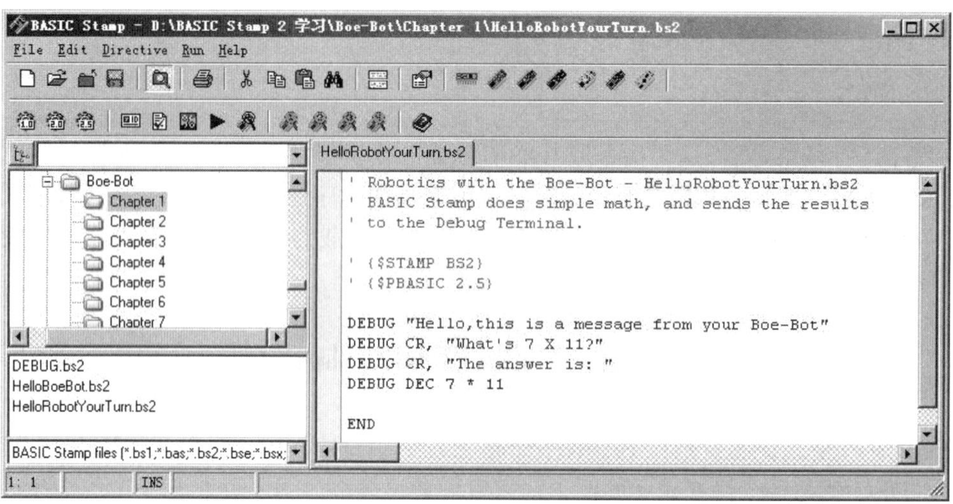

图 1.35　修改后的程序示例

你的调试终端现在的显示如图 1.36 所示。

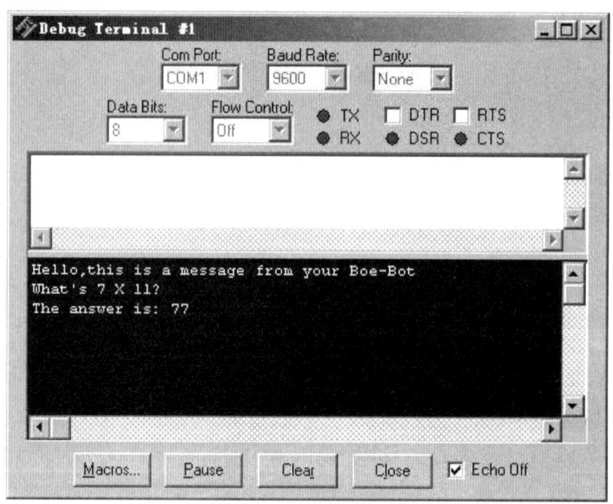

图 1.36　修改后的程序调试终端

调试终端跑哪去了呢？

有时调试终端会隐藏在 BASIC Stamp 编辑器对话框后面。此时，你可以通过使用“Run”菜单项（图 1.37 左图）让调试终端回到前台，或采用图 1.37 右图快捷键“Debug Terminal 1”，或采用键盘上的“F12”键，都可以使调试终端窗口回到前台显示。

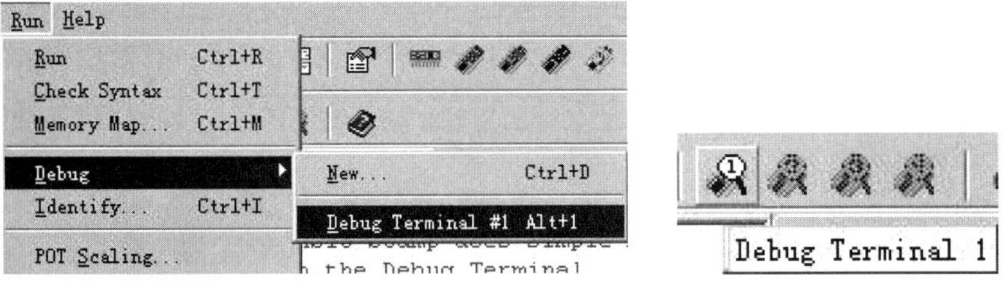

图 1.37　使用菜单（左图）或快捷键（右图），使调试终端回到前台显示

任务 5：查询指令

刚才完成的样例程序介绍了两条 PBASIC 指令：DEBUG 和 END 。通过查阅 BASIC Stamp 编辑器帮助或《BASIC Stamp 手册》，可以找到更多有关这两条指令的用法。本任务通过在 BASIC Stamp 编辑器帮助和《BASIC Stamp 手册》中查找 DEBUG 指令，指导你如何查询指令信息。

使用 BASIC Stamp 编辑器帮助

- 在 BASIC Stamp 编辑器中，单击“Help”菜单项，然后选择“Index”选项，如图 1.38 所示。

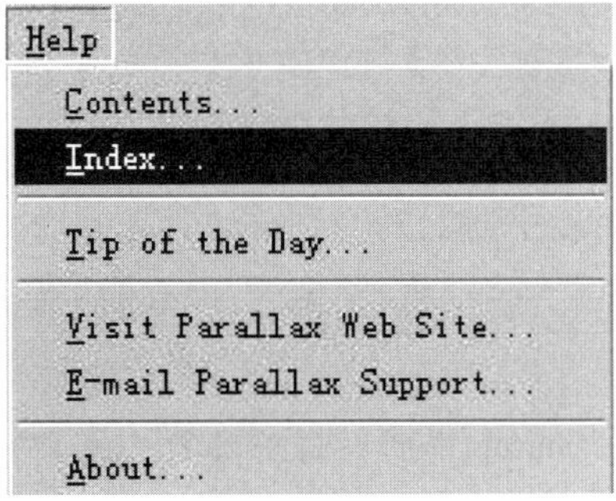

图 1.38　在帮助菜单中选择索引项

- 在“键入要查找的关键字”文本框中输入指令“DEBUG”，如图 1.39 所示。
- 当指令字“DEBUG”出现在文本框下面的列表中时双击它，然后单击“显示”按钮。

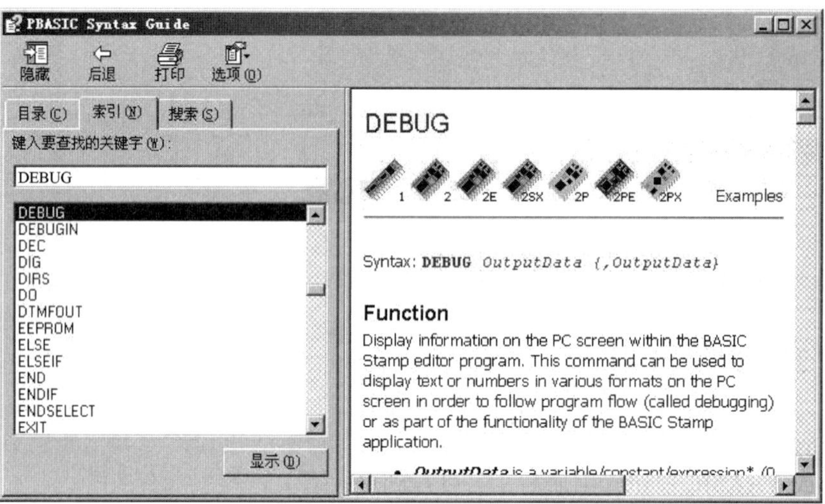

图 1.39　使用帮助文件查找 DEBUG 命令

- 拖动滚动条浏览关于 DEBUG 指令的文章，有大量的说明和供用户尝试的例程。
- 单击“目录”选项卡，并寻找与 DEBUG 相关的内容。
- 单击“搜索”选项卡，搜索关键词 DEBUG。
- 重复以上步骤，查找 END 指令的相关内容。

获得并使用《BASIC Stamp 手册》

《BASIC Stamp 手册》可以免费从派拉力狮公司的网页下载，也可以从产品光盘中找到。用户也可以购买其印刷装订本。

图 1.40 显示的是《BASIC Stamp 手册》目录部分（第 2 页）的摘录，在该书的第 97 页详细介绍了 DEBUG 指令。

图 1.40　在目录中查找 DEBUG 命令

- 图 1.41 是《BASIC Stamp 手册》中的一段摘录，这里对 DEBUG 指令做了详尽的说明。
- 简要回顾手册中 DEBUG 指令的说明。
- 统计一下 DEBUG 这部分有多少个程序示例。

5: BASIC Stamp Command Reference - DEBUG

DEBUG | BS1 | BS2 | BS2e | BS2sx | BS2p |

DEBUG *OutputData {, OutputData}*

Function

Display information on the PC screen within the BASIC Stamp editor program. This command can be used to display text or numbers in various formats on the PC screen in order to follow program flow (called debugging) or as part of the functionality of the BASIC Stamp application.

图 1.41　手册中的 DEBUG 指令说明

该你了

- 利用《BASIC Stamp 手册》的索引，查询 DEBUG 指令。
- 在《BASIC Stamp 手册》中查询 END 指令。

任务 6：介绍 ASCII 码

在任务 4 中的 DEBUG 指令里用到了 DEC 格式说明，以便在调试终端显示十进制数。如果不与要显示的数字一起使用 DEC 格式说明，会出现什么情况呢？如果没有带格式说明的数字跟在 DEBUG 指令之后，BASIC Stamp 控制器将把它们当做 ASCII 码读取。

利用 ASCII 码编程

ASCII 是“American Standard Code for Information Interchange（美国信息交换标准代码）”的简称。绝大多数微控制器及 PC 都是利用这种代码给每个键盘按键分配数字的。一些数字对应键盘的具体动作，如光标上移、光标下移、空格、删除等，其他的数字对应可打印的字母和符号。从数字 32 到 126 对应 BASIC Stamp 微控制器可以在调试终端显示的字母和符号。下面的例程将利用 ACSII 码在调试终端显示“BASIC Stamp 2”这几个字。

例程：AsciiName.bs2

- 输入并运行程序 AsciiName.bs2。

```
' AsciiName.bs2
' Use ASCII code in a DEBUG command to display the words BASIC Stamp 2.
' {$STAMP BS2}
' {$PBASIC 2.5}
DEBUG 66,65,83,73,67,32,83,116,97,109,112,32,50
END
```

程序 AsciiName.bs2 是如何运行的

DEBUG 指令之后的每个 ASCII 码都与一个显现在调试终端上的字母相对应。

```
DEBUG 66,65,83,73,67,32,83,116,97,109,112,32,50
```

66 在 ASCII 码中代表大写字母“B”，65 代表大写字母“A”，依次类推。32 代表的是字母之间的空格。注意，每个代码值之间都以逗号分隔。逗号允许 DEBUG 指令显示每个代码符号如同分别显示代码一样。这比输入 12 个分开的 DEBUG 指令要容易许多。

该你了——ASCII 码探索

- 把 AsciiName.bs2 文件另存为 AsciiRandom.bs2。
- 在 32～127 之间任意选择 12 个数字。
- 用你选取的数字替代程序中原有的 ASCII 码。
- 运行修改后的程序，看看出现什么结果。

在《BASIC Stamp 手册》的附录 A 中，有一张 ASCII 码和它们对应符号的列表，你可以查找对应的 ASCII 码来拼写你的姓名。

- 把 AsciiRandom.bs2 另存为 YourAsciiName.bs2。
- 查阅在《BASIC Stamp 手册》中的 ASCII 码表。
- 修改程序拼写你的姓名。
- 运行程序，看姓名拼写的是否正确。
- 如果正确，干得好！保存程序。

任务 7：断开电源完成试验

把电源从 BASIC Stamp 微控制器和教学底板上断开很重要，原因有几点：首先，如果系统在不使用时没有消耗电能，电池可以用得更久；其次，在以后的试验中，将在教学底板上的面包板上搭建电路。如果是在教室里，则老师可能会有额外的要求，如断开串口电缆，把

教学底板存放到安全的地方等。总之，做完试验后最重要的一步是断开电源。

断开电源

对 BASIC Stamp 教学底板而言，断开电源比较容易。

- 将教学底板上的三位开关拨到左边的“0”位即可，如图 1.42 所示。

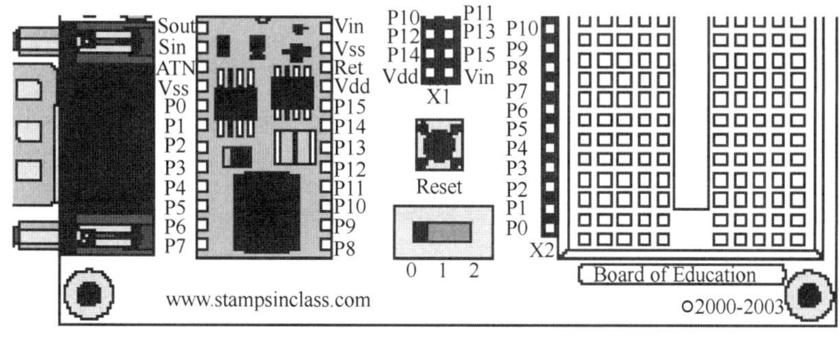

图 1.42　切断教学底板电源

该你了

- 现在断开电源。

工程素质和技能归纳

- 上网查询和下载编程软件。
- 安装软件。
- 微控制器与计算机的连接。
- DEBUG 指令的格式说明、控制字 DEC 的使用。
- 通过编辑器帮助或编程手册查找指令说明。
- ASCII 码的使用。
- 完成实验后一定要关闭教学底板电源等。

第 2 讲　机器人的伺服电机

学习情境

同各种自动化机械设备一样，机器人的伺服电机是用来将机器人大脑（计算机）发出的运动指令转换为运动动作的部件，相当于肌肉的作用。所谓伺服，就是可以按照指令进行连贯动作，伺服电机就是可以按照指令连续控制位置或速度的电机。它们不同于传统的直流电机或交流电机，这些电机不能控制位置或速度，只能以某一种恒定的速度旋转。

现在伺服电机的种类很多，本书采用的是一种控制非常简单和方便的伺服电机，它最初主要用于航空模型等的方向舵的位置控制，因此又称为伺服舵机。本讲教你如何连接、调整及测试机器人的伺服电机，理解和掌握控制伺服电机方向、速度和运行时间的相关 PBASIC 指令及其编程技术。在把伺服电机安装到机器人底盘之前，必须先熟悉和了解这些内容。

连续旋转伺服电机简介

伺服电机通常不能连续旋转，但本讲介绍的却是一种能够使机器人两个轮子不停旋转的连续旋转伺服电机，如图 2.1 所示。图中指出了该伺服电机的外部配件，这些配件将在本讲或后续章节中用到。

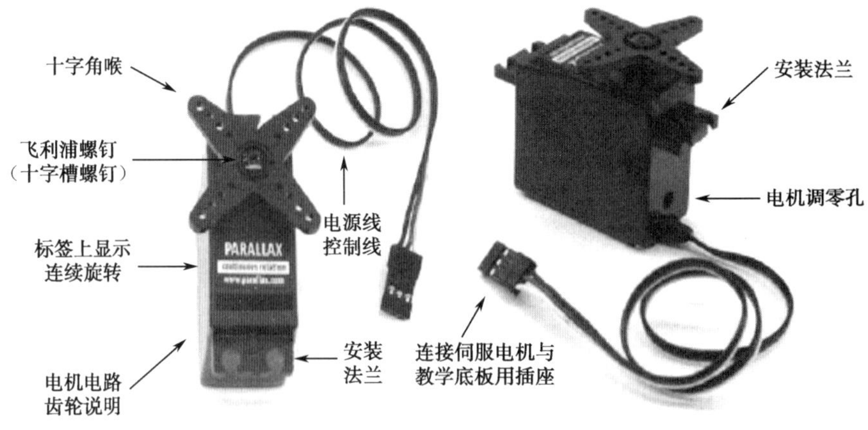

图 2.1　连续旋转伺服电机

任务 1：将伺服电机连接到教学底板

本任务首先将伺服电机连接到电源和 BASIC Stamp 模块的 I/O 端口，然后搭建一个 LED 电路来监视 BASIC Stamp 模块发送到伺服电机的运动控制信号。

连接伺服电机所需的部件

- 连续旋转伺服电机 2 台。
- 搭建 LED 电路所需的部件（LED 和 470Ω电阻）2 套。

连接伺服电机到教学底板

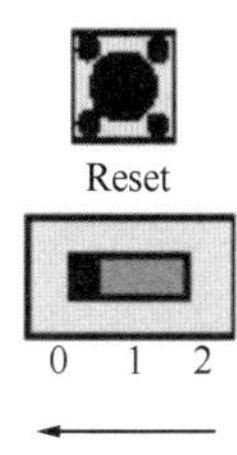

图 2.2　关闭电源

把三位开关拨至“0”位切断教学底板的电源（如图 2.2 所示）。

如图 2.3 所示是教学底板上的伺服电机接线端子。可以用底板上的跳线来选择伺服电机的供电电源是来自机器人套件中的电池盒 Vin 还是来自外接直流电源 Vdd。要移动跳线帽，必须向上把跳线帽从原来短接的两个引脚上拔下来，然后把跳线帽压进想短接的两个引脚上去。

如果使用 6V 电池组，则将两个伺服电机接线端子之间的跳线帽接 Vin，如图 2.3（左图）所示。

如果使用 7.5V、1000mA 的直流电源，则将跳线帽接 Vdd，如图 2.3（右图）所示。

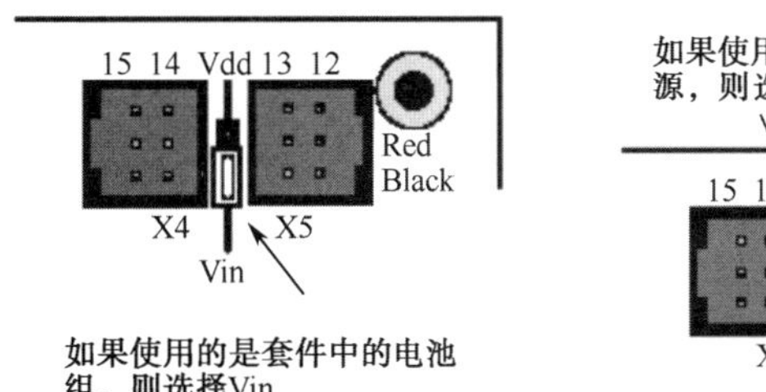

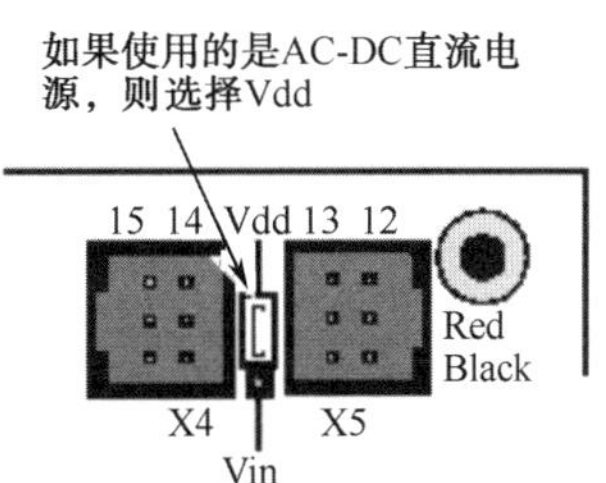

图 2.3　选择教学底板的电源

本书中所有的示例和说明都是用电池组供电的。如图 2.4 所示是将要搭建的电路的示意图，跳线设定接 Vin。

注意： 每个伺服电机的控制电缆有三根线，其中白色线用来传送电机的控制信号，红色线用来接到电源上，而黑色线则是地线。这些线的颜色定义在伺服电机出厂时就已经定义好。以后将会在工程上看到，许多电气元件都是通过线的颜色来标记电线所承担的功能的。

● 连接伺服电机到教学底板，如图 2.4 所示。

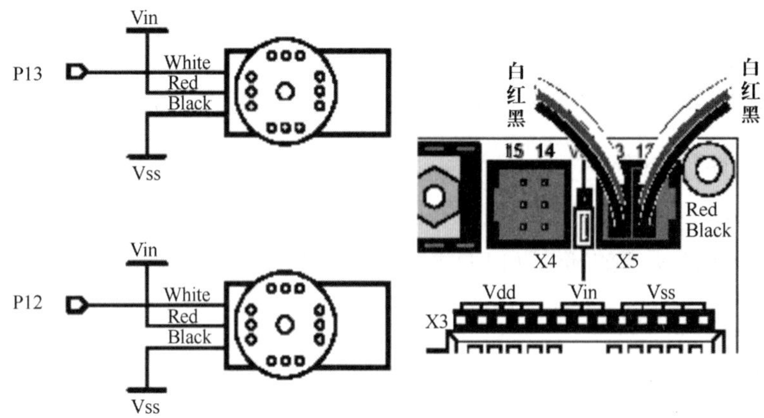

图 2.4　伺服电机与教学底板的连线示意图

● 连接完成后，搭建好的系统如图 2.5 所示（不含 LED 监视电路）。

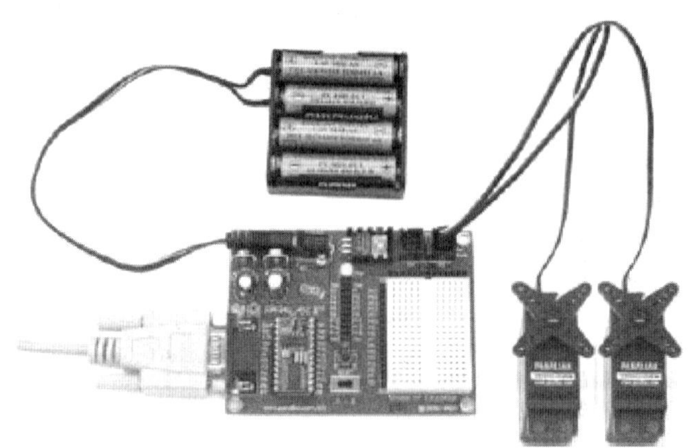

图 2.5　教学底板与电池盒、伺服电机接线示意图

● LED 监视电路如图 2.6 所示。左图是电气原理图，右图是在面包板上的接线图。该电路能够监视控制伺服电机的信号，为什么呢？

从图 2.4 的伺服电机连线图可知，两个伺服电机的控制信号线（白色）分别接到了微控制器的 P12 端口和 P13 端口，即由微控制器的 P12 端口和 P13 端口输出的控制信号控制两个伺服电机的运动。如图 2.6 所示的 LED 监控指示电路正好也指示 P12 端口和 P13 端口的信号，所以图 2.6 的 LED 电路可以监控伺服电机的控制信号。

● 按照图 2.6 右图的真实接线图将 LED 监视电路在教学底板上连接好，然后转到任务 2。

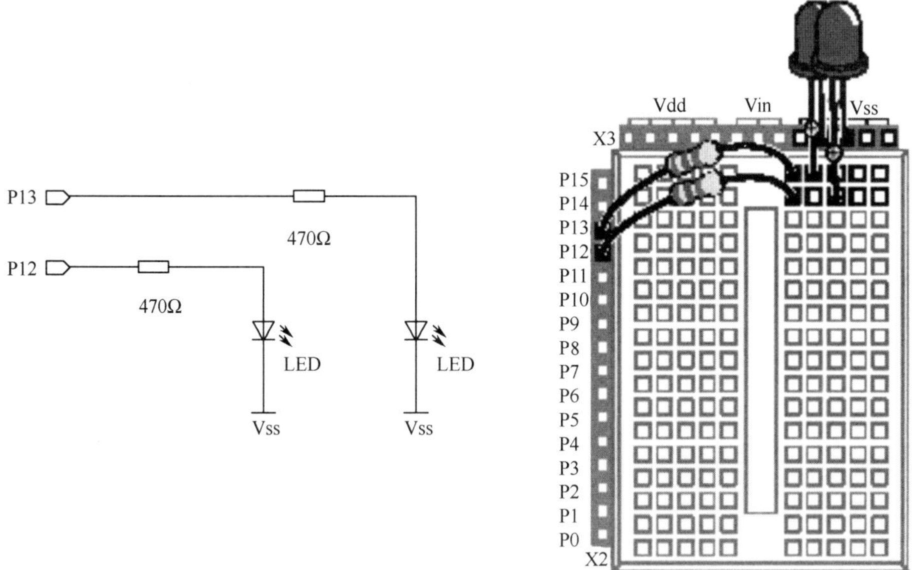

图 2.6　伺服电机控制信号的 LED 监视电路图

任务 2：伺服电机调零

伺服电机在接收到某一特定的控制信号时，必须能够保持静止，这一特定的控制信号通常称为零点信号。由于伺服电机在出厂时没有调整好，它们在接收到该零点信号时可能会转动，这时要用螺丝刀调节伺服电机模块内的调节电阻从而让伺服电机保持静止。这就是伺服电机的调零。调整完成之后，要测试伺服电机，验证其功能是否正常。测试程序将发送控制信号让伺服电机沿顺时针和逆时针方向以不同的速度旋转。

调零工具

机器人套件中提供的螺丝刀是本任务需要的工具。

发送零点标定信号

图 2.7 显示的信号是发送到与 P12 端口连接的伺服电机的零点校准信号，称为零点标定信号。即如果伺服电机零点已经调节好，发送这个信号给电机就可以让电机保持静止不动。这是一个脉冲时间间隔为 20ms，脉冲宽度为 1.5ms 的脉冲序列信号。

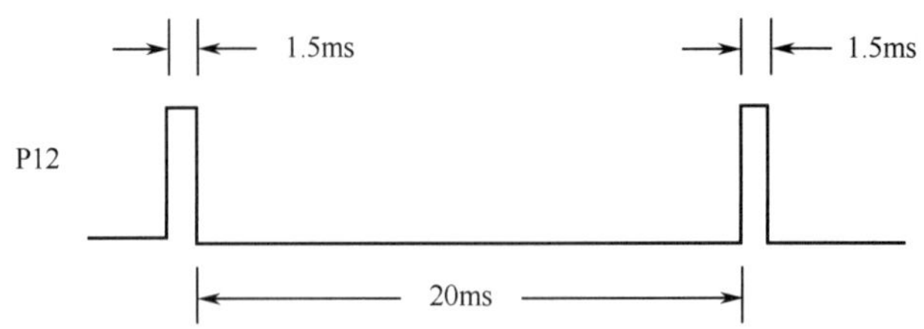

图 2.7　零点标定信号的时序图

要让机器人的大脑即 BS2 微控制器能够产生如图 2.7 所示的零点标定信号，必须用到几个新的 PBASIC 指令：PULSOUT 指令、PAUSE 指令和 DO…LOOP 循环语句。

PULSOUT 指令用来让微控制器产生一个 5V 电平脉冲，其指令格式和指令参数如下：

```
PULSOUT Pin, Duration
```

指令参数 Pin 用来确定是给微控制器的哪个 I/O 引脚输出脉冲，而参数 Duration 则是用来确定脉冲宽度的时间单位数，其时间单位是 2μs。因此，要给 P12 端口对应的引脚产生如图 2.7 所示的 1.5ms 的高电平脉冲信号，需要输入如下的指令行：

```
PULSOUT 12, 750
```

显然，如果知道脉冲要持续多长时间，就可以方便地计算出 PULSOUT 指令的参数 Duration 的值：Duration 变量=脉冲持续时间/2μs。按照此公式，零点标定脉冲的宽度变量为

Duration=0.0015s/0.000002s=750

PULSOUT 指令只产生脉冲，要控制脉冲之间的间隔必须用到 PBASIC 语言的 PAUSE 指令。PAUSE 指令的使用格式如下：

```
PAUSE Duration
```

Duration 是 PAUSE 指令的参数，它的值告诉 BASIC Stamp 微控制器在执行下一条指令之前要等待多久。Duration 的单位是千分之一秒，即 ms。假如你想等待 1s，可以给 Duration 赋值为 1000。指令表示如下：

```
PAUSE 1000
```

如果想要等待 2s，则表示如下：

```
PAUSE 2000
```

因此，要实现如图 2.7 所示的零点标定信号，必须在 PULSOUT 指令后添加如下语句：

```
PAUSE 20
```

要持续不断地产生如图 2.7 所示的脉冲序列信号，还必须将 PULSOUT 指令和 PAUSE 指令放到 DO…LOOP 循环中。对于计算机或微控制器而言，它们作为机器人的大脑，与人类或其他生物的大脑相比，具有一个最大的优势就是，它们可以毫无怨言地不断重复做同一件事情。如果你要微控制器不断重复同样的操作，只需将相关的指令放到指令关键词 DO 和 LOOP 之间即可。因此，要让微控制器不断产生零点标定信号，只需将 PULSOUT 指令和 PAUSE 指令放到 DO 和 LOOP 之间。最后能够产生图 2.7 零点标定信号的程序模块如下。

例程：CenterServoP12.bs2

```
' CenterServoP12.bs2
' This program sends 1.5ms pulses to the servo connected to
' P12 for manual centering.
' {$STAMP BS2}
' {$PBASIC 2.5}
DEBUG "Program Running!"
DO
PULSOUT 12, 750
PAUSE 20
LOOP
```

注意：以上程序一旦执行，将永远执行下去，直到关断微控制器的电源为止，下一个任务将指导你如何控制重复执行的次数。

最好每次只对一台电机做标定，因为这样的话，在调节电机时你就可以听到（为何用听到，而不用看到？）什么时候电机停止。上面的程序只发送零点标定信号到 P12 端口，下面的步骤将指导你如何调整电机，使其保持静止状态。在调节完连接到 P12 端口上的伺服电机后，用同样的方法调节连接到 P13 端口的电机。

- 将教学底板上的三位开关拨到“2”位，打开电源。
- 输入、保存并运行程序 CenterServoP12.bs2。

如果电机没有进行零点标定，那么它的连接喉就会转动，而且也能听到里面电机转动的响声。

- 如果电机没有进行零点标定，则按照如图 2.8 所示的步骤，用螺丝刀轻轻调节伺服电机上的电位器，直到电机停止转动（仔细倾听电机的声音，确信电机已经停止转动）。
- 验证连接到 P12 端口的信号监视电路的 LED 灯是否发光，如果发光，则表明零点标定脉冲已经发送给连接到 P12 端口上的电机了。

如果电机已经完成了零点标定，那么它就不会转动。但是损坏了或有故障的电机有时也不转动。任务 4 将在电机安装到机器人底盘之前排除这种可能。

- 如果电机确实不再转动，下面可以自己对连接到 P13 端口的伺服电机进行测试并做零点标定。

将螺丝刀插入伺服电机的电位器调节孔

轻轻地旋转螺丝刀调节电位器

图 2.8　伺服电机零点标定

该你了——对连接到 P13 端口的伺服电机做零点标定

- 利用下面的程序对连接到 P13 端口的伺服电机重复上述过程。

例程： CenterServoP13.bs2

```
' CenterServoP13.bs2
' This program sends 1.5ms pulses to the servo connected to
' P13 for manual centering.
' {$STAMP BS2}
' {$PBASIC 2.5}
DEBUG "Program Running!"
DO
PULSOUT 13, 750
PAUSE 20
LOOP
```

注意： 如果上述任务完成后，不再进行后面的任务，那么一定要记得将教学底板的电源断开。

任务 3：如何保存数值和计数

在任务 2 中，已经知道如何使用循环语句让微控制器不断产生零点标定信号。当然，在编写某个程序时，肯定并不总是需要机器人永远执行同一个操作或任务，而只希望它执行一段指定的时间或执行一些固定的次数。这时，就要在 PBASIC 程序中用到变量。

变量用来保存数值。无论是机器人程序还是其他程序，在很大程度上都要依赖使用变量。用变量保存数值的最主要作用就是程序能用这些变量来计数。一旦程序能计数，就可以控制和跟踪事件发生的次数。

用变量存储数值，进行数学运算和计数

变量可以用来存储数值。PBASIC 语言在使用一个变量之前，要先给该变量起一个名字，并说明该变量的大小类型，这叫声明一个变量。声明一个变量的 PBASIC 语法如下：

```
variableName VAR Size
```

在实际声明变量时，用自己起的名字代替 variableName。Size 用来说明变量的大小类型，PBASIC 程序中可以声明的变量类型如下：

Bit——存储 0 或 1。

Bib——用来存储 0～15 之间的任意数值。

Byte——用来存储 0～255 之间的任意数值。

Word——用来存储 0～65 535 之间的任意数值，或-32 768～32 767 之间的任意数值。

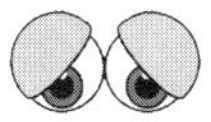

注意：为何有上述特定的变量类型大小呢？请参考二进制的说明。

下面的例程包含两个“Word”大小的变量：

```
value VAR Word
anotherValue VAR Word
```

在声明变量之后，可以对它初始化，即给它一个初始值。

```
value = 500
anotherValue = 2000
```

在“value = 500”中，符号“=”是一个赋值运算符，可以利用其他一些运算符和变量进行数学运算。下面是两个乘法运算的例子：

```
value = 10 * value
```

```
anotherValue = 2 * value
```

例程：VariablesAndSimpleMath.bs2

这个例程演示了如何对变量进行声明、初始化和运算。

- 在运行程序之前，预测一下 DEBUG 指令要显示的内容。
- 输入、保存并运行程序 VariablesAndSimpleMath.bs2。
- 和预测进行对比，看看有何不同。如果不同，是什么原因。

```
' VariablesAndSimpleMath.bs2
' Declare variables and use them to solve a few arithmetic problems.
' {$STAMP BS2}
' {$PBASIC 2.5}
value VAR Word ' Declare variables
anotherValue VAR Word
value = 500 ' Initialize variables
anotherValue = 2000
DEBUG ? value ' Display values
DEBUG ? anotherValue
value = 10 * anotherValue ' Perform operations
DEBUG ? value ' Display values again
DEBUG ? anotherValue
END
```

程序 VariablesAndSimpleMath.bs2 是如何工作的

下面的代码定义了两个变量：value 和 anotherValue。

```
value VAR Word                ' Declare variables
anotherValue VAR Word
```

然后，初始化变量，即给刚刚声明的变量赋初始值。这两条指令执行后，value 的值是 500，anotherValue 的值是 2000。

```
value = 500 ' Initialize variables
anotherValue = 2000
```

随后的 DEBUG 指令帮助你了解初始化变量后每个变量存储的数值。因为给 value 赋值是 500，anotherValue 赋值 2000，因此 DEBUG 指令向调试终端发送信息“value = 500” 和“anotherValue = 2000”并显示。

```
DEBUG ? value ' Display values
DEBUG ? anotherValue
```

这里又新引入了一个 DEBUG 指令的格式说明字符“？”，该格式说明字符用在一个变量名之前，使 DEBUG 终端显示其名称，以及存储在该变量中的数值，然后回车。这样对于查询一个变量的内容非常方便。

下面三行代码的疑问是调试终端将显示什么？答案：value 的值是 anotherValue 值的 10 倍，因为 anotherValue 的值是 2000，所以 value 的值就是 20 000，而变量 anotherValue 的值不变。

```
value = 10 * anotherValue ' Perform operations
DEBUG ? value ' Display values again
DEBUG ? anotherValue
```

该你了——用负数计算

如果你想做一些包含负数的计算，可以使用 DEBUG 指令的 SDEC 格式说明来显示。下面的例子能通过修改程序 VariablesAndSimpleMath.bs2 得到。

- 删除程序 VariablesAndSimpleMath.bs2 中以下部分：

```
value = 10 * anotherValue ' Perform operations
DEBUG ? value ' Display values again
```

- 改成如下代码：

```
value = value - anotherValue ' Answer = -1500
DEBUG "value = ", SDEC value, CR ' Display values again
```

- 运行更改后的程序并验证 value 的值是否由 500 变为-1500。

计数并控制循环次数

最方便控制一段代码执行次数的方法是利用 FOR...NEXT 循环语句，语法如下：

```
FOR Counter = StartValue TO EndValue {STEP StepValue} ... NEXT
```

省略号“...”表示可以在 FOR 和 NEXT 之间放一条或多条程序指令。使用这个循环语句前要确保先声明一个变量替代参数 Counter。参数 StartValue 和 EndValue 可以是数值也可以是变量。语法描述中位于大括号{ }之间的代码，表示是可选参数。换句话说，没有它，FOR...NEXT 仍将工作，但是可以将它用于一些特殊目的。

没有必要一定要将变量命名为“Counter”。例如，可以命名为“myCounter”：

```
myCounter VAR Word
```

下面是一个用 myCounter 来计数的 FOR…NEXT 循环例程。每执行一次循环，它就会显示 myCounter 的值。

例程：CountToTen.bs2

● 输入、保存并运行程序 CountToTen.bs2。

```
' CountToTen.bs2
' Use a variable in a FOR...NEXT loop.
' {$STAMP BS2}
' {$PBASIC 2.5}
myCounter VAR Word
FOR myCounter = 1 TO 10
DEBUG ? myCounter
PAUSE 500
NEXT
DEBUG CR, "All done!"
END
```

该你了——不同的初始值和终值及计数步长

可以给变量 StartValue 和 EndValue 赋不同的值。

● 修改 FOR…NEXT 循环如下：

```
FOR myCounter = 21 TO 9
DEBUG ? myCounter
PAUSE 500
NEXT
```

● 运行修改后的程序。BASIC Stamp 往下计数代替了往上计数，你注意到了吗？只要 StartValue 的值大于 EndValue 的值，程序就会这样运行。

还记得可选参数{STEP StepValue}吗？可以用它来使 myCounter 以不同步长计数，而不是按 9，10，11，…这样每次增加 1 来计数。例如，你可以让它每次增加 2（9，11，13，…）或增加 5（10，15，20，…）或任何你给出的 StepValue，递增或递减都可以。下面的例子是以 3 为步长向下计数。

● 增加 STEP 3 到 FOR…NEXT 循环，如下所示：

```
FOR myCounter = 21 TO 9 STEP 3
```

```
DEBUG ? myCounter
PAUSE 500
NEXT
```

● 运行更改后的程序，验证是否以 3 为步长递减。

任务 4：测试伺服电机

在装配机器人之前还有最后一件事要做，那就是测试伺服电机。在本任务中，将运行程序，使电机以不同速度和方向旋转。通过测试，可以确保在装配之前电机工作是正常的。

这是一个子系统测试的例子。对子系统进行测试是开发过程中应具备的好习惯，这是为了在组装之前尽量修补可能出现的一些问题。

所谓子系统测试是在将一些分立的部件组装成一个更大的设备之前先对各分立部件进行测试的过程。在进行机器人竞赛时，这对于赢得比赛很有帮助。对于工程师而言，无论是开发玩具、汽车和视频游戏，还是开发航天飞机或火星机器人，这都是一个最为基本的技能。特别是在非常复杂的设备中，如果事先没有对子系统进行测试，那么要找出存在的问题几乎是不可能的。例如，在太空项目中，如果要拆开一个设备以进行维修，将耗费数百万美元。因此，在这样的项目中，必须对所有子系统进行彻底而严格的测试。

脉宽控制电机的速度和方向

回忆前面的电机零点标定，脉宽为 1.5ms 的控制信号使电机保持不动，这是通过给 PULSOUT 指令的参数 Duration 赋值为 750 来实现的。那么，如果控制信号的脉冲宽度（简称脉宽）不是 1.5ms，结果会是怎样呢？

现在通过编程发送了一系列 1.3ms 的脉冲给伺服电机，仔细研究一下这一系列脉冲，看它怎样控制电机。如图 2.9 所示是连续旋转电机以全速顺时针旋转，全速的范围大约是 50～60r/min，即约每秒转一转。

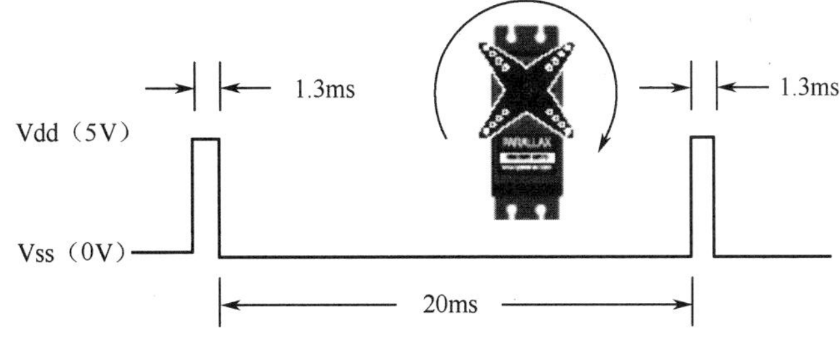

图 2.9　1.3ms 的控制脉冲序列使电机顺时针全速旋转

你可以用下面的程序 ServoP13Clockwise.bs2 将这些脉冲序列发送给 P13 端口。

例程：ServoP13Clockwise.bs2

- 输入、保存并运行程序 ServoP13Clockwise.bs2。
- 验证电机的输出轴是否顺时针旋转，并且验证速度是否为 50～60r/min。

```
' ServoP13Clockwise.bs2
' Run the servo connected to P13 at full speed clockwise.
' {$STAMP BS2}
' {$PBASIC 2.5}
DEBUG "Program Running!"
DO
PULSOUT 13, 650
PAUSE 20
LOOP
```

注意：1.3ms 的脉冲需要 PULSOUT 指令的参数 Duration 的值为 650，是一个小于 750 的数。所有的脉宽都小于 1.5ms，即 PULSOUT 指令的参数 Duration 的值要小于 750，才能使电机顺时针旋转。当然，在进行上述验证时，一定要将伺服电机连接到控制端口上并接上电源。

例程：ServoP12Clockwise.bs2

将 PULSOUT 指令的参数 Pin 的值由 13 改为 12，就可以使连接到 P12 端口的电机以全速顺时针旋转。

- 把程序 ServoP13Clockwise.bs2 另存为 ServoP12Clockwise.bs2。
- 把 PULSOUT 指令的参数 Pin 的值由 13 改为 12，更新注释。
- 运行程序，验证连接 P12 端口的电机是否顺时针旋转，并且验证速度是否为 50～60r/min。

```
' ServoP12Clockwise.bs2
' Run the servo connected to P12 at full speed clockwise.
' {$STAMP BS2}
' {$PBASIC 2.5}
DEBUG "Program Running!"
DO
PULSOUT 12, 650
PAUSE 20
LOOP
```

例程：ServoP12Counterclockwise.bs2

你可能已经猜到将 PULSOUT 指令的参数 Duration 的值设置为大于 750 会使伺服电机逆时针旋转。参数 Duration 的值为 850 可以发出 1.7ms 宽度的脉冲，如图 2.10 所示，这将使伺服电机全速逆时针旋转。

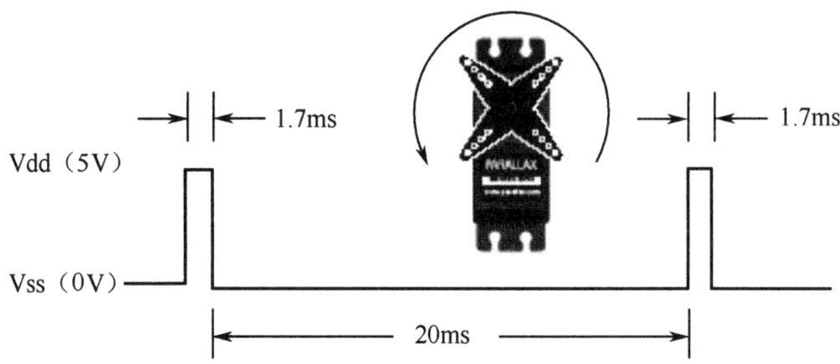

图 2.10　1.7ms 的连续脉冲序列使电机逆时针全速旋转

- 将程序 ServoP12Clockwise.bs2 另存为 ServoP12Counterclockwise.bs2。
- 把 PULSOUT 指令的参数 Duration 的值改为 850。
- 运行程序，验证连接 P12 端口的电机是否逆时针旋转，并且验证速度是否为 50～60r/min。

```
' ServoP12Counterclockwise.bs2
' Run the servo connected to P12 at full speed counterclockwise.
' {$STAMP BS2}
' {$PBASIC 2.5}
DEBUG "Program Running!"
DO
PULSOUT 12, 850
PAUSE 20
LOOP
```

该你了

- 修改上述例程中 PULSOUT 指令的参数 Pin 的值，使连接 P13 端口的电机逆时针转动。

例程：ServosP13CcwP12Cw.bs2

可以使用两个 PULSOUT 指令使两个伺服电机同时旋转，也可以使它们向相互相反的方向旋转。

- 输入、保存并运行程序 ServosP13CcwP12Cw.bs2。
- 运行程序，验证连接到 P13 端口的电机是否全速逆时针旋转，而连接到 P12 端口的电机是否全速顺时针旋转。

```
' ServosP13CcwP12Cw.bs2
' Run the servo connected to P13 at full speed counterclockwise
' and the servo connected to P12 at full speed clockwise.
' {$STAMP BS2}
' {$PBASIC 2.5}
DEBUG "Program Running!"
DO
PULSOUT 13, 850
PULSOUT 12, 650
PAUSE 20
LOOP
```

下面的理解非常重要。想一想：当电机安装在机器人底盘的两侧时，一个顺时针旋转而另一个逆时针旋转，这将使机器人沿直线运动。听起来是否有些古怪？如果你无法理解，试试这样：把两个电机背靠背放在一起重新运行程序。

该你了——调整速度和方向

两个电机全速转动时，两个 PULSOUT 指令的参数 Duration 有 4 种不同的组合，在后面的章节中编写机器人运动的程序时，这些组合经常会被用到。程序 ServosP13CcwP12Cw.bs2 发送了这些组合中的一种，850 给 P13 ，650 给 P12。通过测试不同的运动组合，并填写表 2-1 的运动描述栏，慢慢熟悉这些组合并自己建立一个参考。当机器人安装完成后，尝试一下这些运动组合，填写表 2-1 的实际运动行为列，就会看到每种数据组合使它怎样运动的。

- 试试下面的 PULSOUT 指令的参数 Duration 组合，将结果填写到运动描述列中。

表 2-1　PULSOUT 指令的参数 Duration 组合

P13	P12	运 动 描 述	实际运动行为
850	650	全速，P13 电机逆时针，P12 电机顺时针	
650	850		
850	850		
650	650		
750	850		

续表

P13	P12	运 动 描 述	实际运动行为
650	750		
750	750	两个电机都静止，因为在任务 2 中对电机进行了零点标定	
760	740		
770	730		
850	700		
800	650		

FOR…NEXT 循环控制电机的运行时间

到目前为止，你已经完全理解了脉冲宽度控制连续旋转电机速度和方向的原理。控制电机速度和方向的方法非常简单，当然还有一个简单的方法来控制电机运行的时间，那就是用 FOR…NEXT 循环。

下面是 FOR…NEXT 循环的例子，它会使电机运行几秒。

```
FOR counter = 1 TO 100
PULSOUT 13, 850
PAUSE 20
NEXT
```

计算一下这段代码能使电机转动的确切时间。每执行循环一次，PULSOUT 指令将持续 1.7ms，PAUSE 指令持续 20ms，执行一次循环大概额外需要 1.3ms。因此，FOR…NEXT 循环整体执行一次的时间是 1.7ms+20ms+1.3ms=23.0ms，本循环执行 100 次，就是 23.0ms 乘以 100，时间=100×23.0ms=100×0.023s=2.3s。

如果要让电机运行 4.6s，则 FOR…NEXT 循环必须执行上面两倍的次数。

```
FOR counter = 1 TO 200
PULSOUT 13, 850
PAUSE 20
NEXT
```

例程：ControlServoRunTimes.bs2

- 输入、保存并运行程序 ControlServoRunTimes.bs2。
- 验证是否与 P13 端口连接的电机先逆时针旋转 2.3s，然后与 P12 端口连接的电机旋转 4.6s。

```
' ControlServoRunTimes.bs2
' Run the P13 servo at full speed counterclockwise for 2.3s, then
' run the P12 servo for twice as long.
' {$STAMP BS2}
' {$PBASIC 2.5}

DEBUG "Program Running!"

counter VAR Byte

FOR counter = 1 TO 100
PULSOUT 13, 850
PAUSE 20
NEXT

FOR counter = 1 TO 200
PULSOUT 12, 850
PAUSE 20
NEXT

END
```

假如想让两个电机同时都运行，给与 P13 端口连接的电机发出 850 的脉宽，给与 P12 端口连接的电机发出 650 的脉宽，现在执行一次循环要用的时间是：

1.7ms——与 P13 端口连接的电机。

1.3ms——与 P12 端口连接的电机。

20ms——中断持续时间。

1.6ms——代码执行时间。

一共是 24.6ms。

如果想使电机运行一段确定的时间，可以计算出需要循环的次数（或需要发出的脉冲数量）如下：

$$脉冲数量=时间/0.0246s=时间/0.0246$$

假如你想让电机运行 3s，计算如下：

$$脉冲数量=3/0.0246=122$$

现在，可以将 FOR…NEXT 循环中参数 EndValue 的值设为 122，程序如下：

```
FOR counter = 1 TO 122
```

```
PULSOUT 13, 850
PULSOUT 12, 650
PAUSE 20
NEXT
```

例程：BothServosThreeSeconds.bs2

下面的程序是让两个电机先向一个方向旋转 3s，然后反向旋转 3s 的例子。

- 输入、保存并运行程序 BothServosThreeSeconds.bs2。

```
' BothServosThreeSeconds.bs2
' Run both servos in opposite directions for three seconds, then reverse
' the direction of both servos and run another three seconds.

' {$STAMP BS2}
' {$PBASIC 2.5}

DEBUG "Program Running!"

counter VAR Byte

FOR counter = 1 TO 122
PULSOUT 13, 850
PULSOUT 12, 650
PAUSE 20
NEXT

FOR counter = 1 TO 122
PULSOUT 13, 650
PULSOUT 12, 850
PAUSE 20
NEXT

END
```

验证一下每个电机是否沿一个方向运行 3s 然后反方向运行 3s。你是否注意到当电机同时反向时，它们总是保持以相反的方向运行？这有什么作用呢？

该你了——预计电机运行时间

- 设定一个想让电机运行的时间。
- 用 0.024 去除时间。
- 得到的结果就是需要执行的循环次数。
- 更改程序 BothServosThreeSeconds.bs2，使两个电机都按所设定的时间运行。
- 比较预计的时间与实际运行的时间之差。

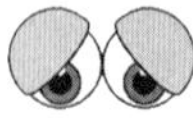

注意：当做完实验后断开系统的电源。

工程素质和技能归纳

- 伺服电机的接线图和接线方式。
- 伺服电机控制信号的监控电路和电路搭建。
- 伺服电机的零点校准，以及 PULSOUT、PAUSE 和循环的使用。
- PABSIC 变量的使用和循环次数的控制。
- 电机测试和子系统测试。
- 两个电机的同时运动及运动时间的控制等。

第3讲　机器人的组装和测试

学习情境

前两讲已经学习了机器人的大脑和执行机构的使用方法，现在是时候将它们集成到一起组装成机器人了。之所以叫做基础机器人，就是因为它非常简单，组装和编程都很容易。简单到何种程度，通过本讲的学习就会有直观的体会和理解。这里的基础机器人是一款两轮驱动的小型自主移动机器人，通过组装和测试，为后续几讲讲解基础机器人的导航运动和基于传感器进行控制准备了一个实验和实践的平台。

本讲需要完成的主要任务包括:

（1）组装机器人。

（2）测试伺服电机是否连接正确。

（3）连接并测试蜂鸣器，蜂鸣器能让你知道什么时候电池电压偏低。

（4）用调试终端控制并测试伺服电机的速度。

任务1：组装机器人

本任务将一步步指导你组装一款小型移动机器人，每一步都需要按照图示将一部分零件装配起来。

组装工具

所需的组装工具主要是螺丝刀和尖嘴钳，这两样工具在机器人套件中都已经配好。如果你自己能够准备一个小扳手当然更好，小扳手可以在五金店买到。

安装机器人底盘硬件

- 将下面所列的零件收集到一起。
- 按照装配步骤进行装配。

部件清单（如图3.1所示）：

（1）机器人底盘1个。

（2）25mm长立柱4根。

（3）平头螺钉4颗。

（4）橡胶圈 1 个。

装配步骤：

- 将橡胶圈插到机器人底盘中心的孔内。
- 确保底盘中心孔的边缘嵌在橡胶圈的凹槽中。
- 用 4 颗螺钉将螺柱按如图 3.1 所示的位置固定到底盘上。

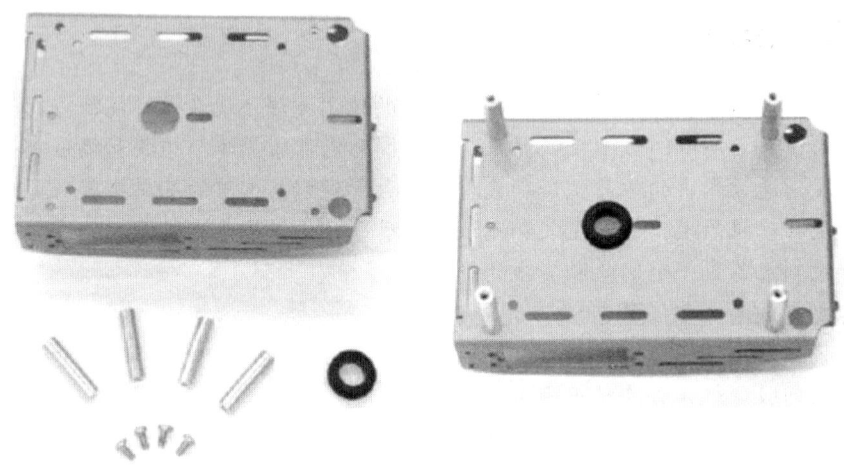

图 3.1　机器人底盘的安装

拆除伺服电机上的十字角喉

- 断开 BASIC Stamp 微控制器和伺服电机的电源。
- 取出电池盒中的所有电池。
- 把伺服电机从教学底板断开。

拆除步骤：

- 用螺丝刀去掉连接伺服电机上十字角喉（如图 3.2 所示）和电机输出轴之间的螺钉。
- 将十字角喉从电机输出轴上取下来。
- 将螺钉保存好，后面的步骤还会用到。

将伺服电机安装到底盘上

部件清单（如图 3.3 所示）：

（1）机器人底盘（已部分组装好）1 个。

（2）连续旋转伺服电机 2 台。

（3）平头螺钉 4 颗。

（4）螺母 4 颗。

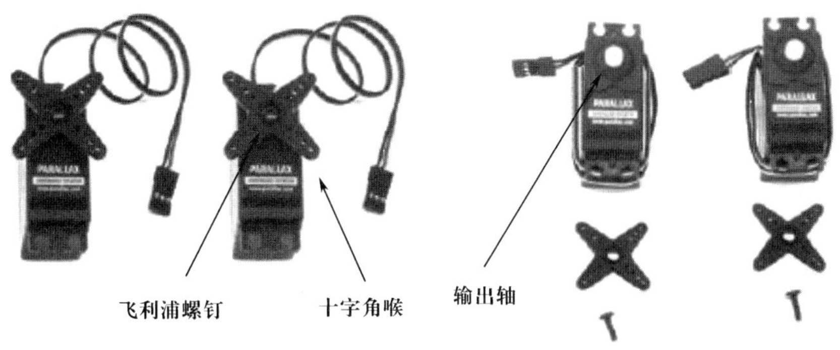

图 3.2　十字角喉的拆除

安装步骤：

- 用螺钉和螺母将伺服电机固定到底盘上。为了维持好的性能，必须从底盘内侧，而不是从外侧把伺服电机放入矩形窗口。
- 按照如图 3.3 所示右边视图的方向看过去，用标签纸标记伺服电机的左右轮，左边的轮子用“L”标记，右边的轮子用“R”标记。

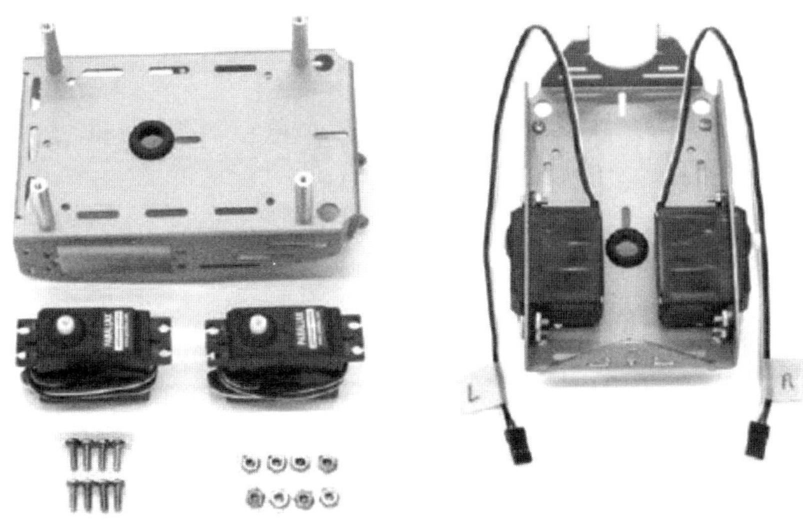

图 3.3　把伺服电机安装到底盘上

安装电池盒

部件清单：

（1）机器人底盘（部分组装）1 个。

（2）平头螺钉2颗。

（3）螺母2颗。

（4）带有插头的电池盒1个。

安装步骤：

- 用平头螺钉和螺母将电池盒固定在机器人底盘下面，如图3.4左图所示。
- 确认螺钉穿过了电池盒，然后在底盘上面将螺母拧紧。
- 如图3.4右图所示，将电池盒的电源连接线穿过底盘中间带有橡胶圈的孔。
- 将伺服电机线也穿过此孔。
- 整理伺服电机线和电源线，如图3.4右图所示。

图3.4　安装电池盒

安装轮子

部件清单（如图3.5所示）：

图3.5　轮子部件

（1）部分已装好的机器人 1 套。

（2）开口销 1 个。

（3）球状尾轮 1 个。

（4）橡胶圈 2 个。

（5）塑胶轮子 2 个。

（6）“拆除伺服电机上的十字角喉”步骤里保存的螺钉 2 颗。

安装步骤：

如图 3.6 左图所示是安装在底盘上的机器人尾轮。尾轮是一个有中心通孔的塑胶球。开口销作为轴将轮子固定在底盘上。

- 轮子的中心通孔与底盘尾部的中心孔对准在一条水平线上。
- 将开口销同时穿过 3 个孔（底盘左侧、尾轮、底盘右侧）。
- 将开口销一端弯曲使它不会滑出孔。

如图 3.6 右图所示是安装在机器人伺服电机上的驱动轮。

- 拉伸橡胶圈，把它套在每个轮子上。
- 每个轮子有一个凹槽用于把它安装到输出轴上。将两个轮子分别压在输出轴上，确保两个轴高度一致，并已装进轮子的凹槽。
- 用螺钉将轮子固定在输出轴上。

图 3.6　安装轮子

把教学底板安装到底盘上

部件清单：

（1）前面已经组装好的机器人底盘 1 个。

（2）平头螺钉 4 颗。

（3）带 BASIC Stamp 2 微控制器教学底板 1 块。

安装步骤：

- 参考图 2.4 和图 2.5，将贴着“L”标签的伺服电机连接到 P13 端口，将贴着“R”标签的伺服电机连接到 P12 端口。
- 将教学底板放在 4 个支架上使其上的安装孔与 4 个立柱孔对齐。
- 确保面包板一侧接近驱动轮而不是尾轮。
- 用平头螺钉连接主板和支架。

如图 3.7 所示是安装好的机器人。

- 从底盘下面，将穿过橡胶圈的多余伺服电机线和电池线拉出。
- 卷起并扎紧伺服电机和底盘之间多余的线。

任务 2：重新测试伺服电机

机器人组装好后必须重新进行测试，以确保主板和伺服电机之间的电气连接正确。图 3.8 是机器人前、后、左、右的定义图，通过测试确保右边的伺服电机是从 P12 端口接收到脉冲后旋转，而左边的电机从 P13 端口接收到脉冲后旋转。

图 3.7　安装好的机器人

图 3.8　机器人前、后、左、右的定义

测试右轮

下面的例程测试连接右轮的伺服电机，如图 3.9 所示。程序将使右轮首先顺时针旋转 3s，停止 1s，然后逆时针旋转 3s。

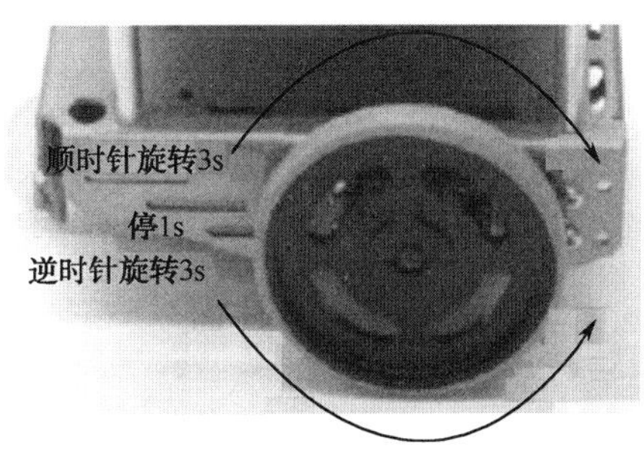

图 3.9　测试右轮

例程：RightServoTest.bs2

- 将机器人搁起，使驱动轮悬空。
- 把电池装到电池盒。
- 将教学底板上的三位开关拨到“2”位。
- 输入、保存并运行程序 RightServoTest.bs2。
- 验证右轮是否顺时针旋转 3s，停止 1s，然后逆时针旋转 3s。
- 如果右轮和伺服电机的运动与预计的不同，参考本例程后面的伺服电机故障排除部分。
- 如果结果正确，跳到“该你了”部分，测试左轮的连接。

```
' RightServoTest.bs2
' Right servo turns clockwise three seconds, stops 1 second, then
' counterclockwise three seconds.

' {$STAMP BS2}
' {$PBASIC 2.5}

DEBUG "Program Running!"

counter VAR Word

FOR counter = 1 TO 122 ' Clockwise just under 3 seconds.
PULSOUT 12, 650
PAUSE 20
NEXT

FOR counter = 1 TO 40 ' Stop one second.
PULSOUT 12, 750
PAUSE 20
```

```
NEXT

FOR counter = 1 TO 122 ' Counterclockwise three seconds.
PULSOUT 12, 850
PAUSE 20
NEXT

END
```

伺服电机故障排除——一些常见的故障现象和维修方法

（1）伺服电机根本不转。

● 确定教学底板上的三位开关拨到了“2”位，然后按下并释放复位按钮，重新运行程序。

● 参照图 2.4 和图 2.5，仔细检查伺服电机接线。

● 检查程序输入是否正确。

（2）右边的伺服电机不转，但是左边的转。

这意味着两个伺服电机接反了，连接到 P12 端口的电机应该连接到 P13 端口，连接到 P13 端口的电机应该连接到 P12 端口。

● 断开电源，拔下伺服电机插头。

● 把原来连接到 P12 端口的电机连接到 P13 端口，把原来连接到 P13 端口的电机连接到 P12 端口。

● 打开电源，重新运行程序 RightServoTest.bs2。

（3）轮子不能完全停下来，它缓慢地旋转。

这意味着伺服电机可能没有正确地调零。可以调节程序来让伺服电机停止，即通过修改 PULSEOUT 12,750 语句的参数 750 让电机停止。

● 如果轮子缓慢地逆时针旋转，换一个比 750 小一点的数。

● 如果轮子缓慢地顺时针旋转，换一个比 750 大一点的数。

● 如果在 740～760 找到一个数让电机完全停止，则确保用这个数代替程序中所有 PULSEOUT 12,750 语句中的 750。

（4）轮子在顺时针和逆时针旋转之间不停止。

车轮可能快速地朝一个方向旋转 3s，然后向另一个方向旋转 4s；可能快速地旋转 3s，然后慢速地旋转 1s，之后又快速地旋转 3s；还可能快速地朝一个方向旋转 7s。不管怎样，都说明伺服电机的电位器失调。

● 拆除轮子，取下伺服电机，重复执行第 2 讲中的任务 2，即伺服电机调零。

该你了——测试左轮

现在在左轮上做同样的测试，如图 3.10 所示。更改程序 RightServoTest.bs2，使 PULSOUT 指令发往连接 P13 端口的伺服电机而不是连接 P12 端口的伺服电机，即将 3 个语句中的“PULSOUT 12”修改为“PULSOUT 13”。

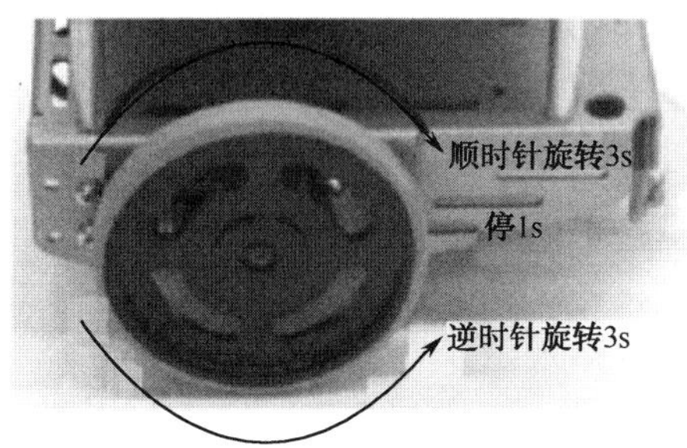

图 3.10　测试左轮

- 将程序 RightServoTest.bs2 另存为 LeftServoTest.bs2。
- 更改 3 个语句中的“PULSOUT 12”为 “PULSOUT 13”。
- 保存并运行程序。
- 验证左轮是否顺时针旋转 3s，停止 1s，然后逆时针旋转 3s。
- 如果不是，参考前面的伺服电机故障排除部分。
- 如果是，那么机器人的功能完好，准备执行下面的任务。

任务 3：开始/复位指示电路和编程

当电源电压低于设备正常工作所需的电压时，叫做欠压。欠压发生时，BASIC Stamp 微控制器可以使其处理器和内存芯片处于休眠状态来进行保护，直到电源电压恢复到正常水平。当教学底板的电源电压 Vin 低于 5.2V 时，BASIC Stamp 内部的电压整流输出将低于 4.3V，BASIC Stamp 上的欠压检测电路就会检测到欠压已经发生，马上使处理器和程序内存芯片进入休眠状态。当电源电压回升到 5.2V 以上时，BASIC Stamp 又开始运行，但不是从程序原来中断的地方运行，而是从头重新开始运行，就像拔掉电源插头又插上，或按下教学底板上的“Reset”键又释放所发生的事情一样。

当机器人的电池电压过低时，欠压会使程序重启，这将导致机器人行为混乱。一种可能的情况是，机器人正在按程序规定的路线行走，突然它好像迷路了一样不再按照原来规定的路线行走。如果是因为电池电压低，则实际情况是程序从头重新运行。另外一种情况是机器

人程序不断反复重启，机器人不再行走。

为了防止这种现象的发生，为机器人编写一个重新/开始指示器程序作为机器人的诊断设备和工具。一种指示程序重启的方法是在所有机器人程序的开始处包含一个不会错过的信号指示。这个信号在每次打开电源或每次电压过低导致程序复位时都会产生。一个有效表明程序重启的方法是扬声器，它在每次 BASIC Stamp 程序从头开始运行或重启时就会发出声音。

其实所有的自动化设备都有这个功能，就像人们每天使用的台式计算机，在每次开启或复位时，都会听到一声鸣叫。本任务就是让你能够学习到如何为机器人设计和实现这个功能。首先介绍压电扬声器，可以用它产生音调。该扬声器能从 BASIC Stamp 接收不同频率的高/低信号产生不同的音调。如图 3.11 所示是压电扬声器的电气符号图和零件图。下面编程使 BASIC Stamp 重启时，扬声器发出声音。

部件清单：

（1）安装并已经过测试的机器人。

（2）扬声器和几根连线。

搭建开始/复位指示电路

如图 3.12 所示是扬声器报警指示电路图，如图 3.13 所示是其实际接线电路图。

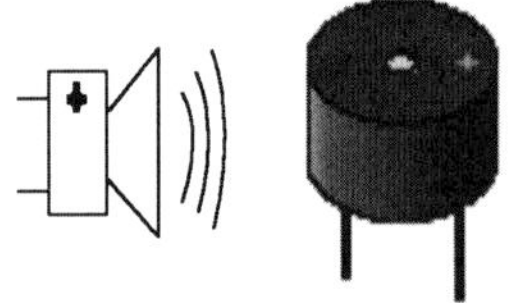

图 3.11　压电扬声器

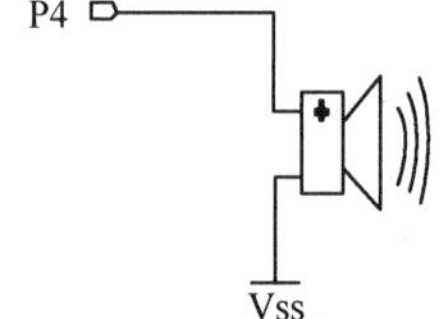

图 3.12　扬声器报警指示电路图

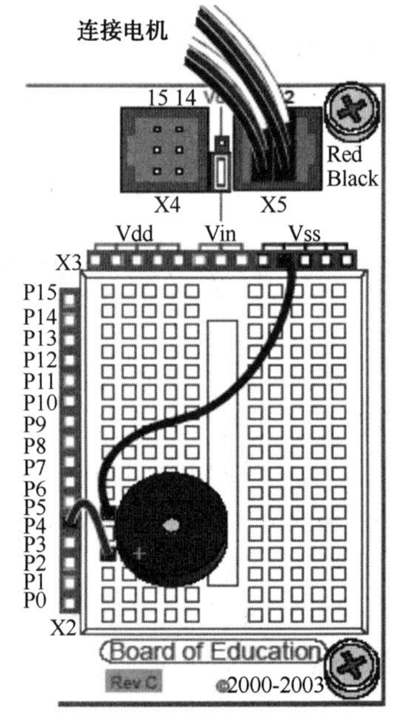

图 3.13　接线电路图

- 按照图 3.12 和图 3.13，在机器人面包板上搭建开始/复位指示器电路。

对开始/复位指示电路编程

下面的例程将测试扬声器。程序采用 FREQOUT 指令给扬声器发出精确定时的高/低电平信号。FREQOUT 指令的语法格式如下：

```
FREQOUT Pin, Duration, Freq1 {,Freq2}
```

下面的 FREQOUT 指令实例将用于下一个例程。

```
FREQOUT 4, 2000, 3000
```

参数 Pin 的值是 4，这意味着高/低信号将送给 I/O 端口的 P4 引脚，参数 Duration 代表着高/低信号持续的时间是 2000，即 2000ms 或 2s。参数 Freq1 是信号的频率。在此例中，将产生一个 3000Hz 频率的音调。

例程：StartResetIndicator.bs2

该例程在开始执行时让扬声器发出声音，然后每半秒发一个 DEBUG 信息。因为信息位于 DO…LOOP 循环之间，所以这些信息将一直持续显示。如果程序运行到 DO…LOOP 循环之间时电源中断，则程序将从头开始执行。当程序开始时，将又一次发出声音。你可以模仿电源欠压时的情景：按下并释放教学底板上的“Reset”按钮或断开再接通教学底板上的电源插头。

- 重新接通主板上的电源。
- 输入、保存并运行程序 StartResetIndicator.bs2。
- 验证“Waiting for reset…”信息显示在调试终端之前，扬声器是否发出清晰的并持续 2s 的响声。
- 如果没有听到声音，检查接线和代码，直到听到扬声器发出清晰的声音为止。
- 如果听到声音，按下并释放主板上的“Reset”按钮，模拟电源欠压的情况。验证扬声器是否在每一次复位之后都发出清晰的声音。
- 断开又接通主板上的电池供电，再次验证复位警报声音。

```
' StartResetIndicator.bs2
' Test the piezospeaker circuit.

' {$STAMP BS2}                          ' Stamp directive.
' {$PBASIC 2.5}                         ' PBASIC directive.

DEBUG CLS, "Beep!!!"                    ' Display while speaker beeps.
FREQOUT 4, 2000, 3000                   ' Signal program start/reset.
```

```
DO                                          ' DO...LOOP
DEBUG CR, "Waiting for reset…"              ' Display message
PAUSE 500                                   ' every 0.5 seconds
LOOP                                        ' until hardware reset.
```

程序 StartResetIndicator.bs2 的工作原理

程序 StartResetIndicator.bs2 一开始显示信息“Beep!!!!”，在信息显示完以后，FREQOUT 指令立刻使扬声器发出 3kHz 的声音并持续 2s。由于程序执行得快，以至于好像信息显示的同时扬声器也发出了响声。

扬声器响过后，程序进入 DO…LOOP 循环，一遍遍显示相同的信息“Waiting for reset…”。每次教学底板上的复位按钮被按下或电源被断开又接通时，程序又重新开始显示“Beep!!!!”信息并发出 3kHz 的声音。

该你了——将程序 StartResetIndicator.bs2 加到另一个程序

上述指示程序中的两行代码可以加入到本讲之前的每个程序的开始。你可以把它当做每个机器人程序的“初始化过程”或“引导过程”的一部分。

所谓初始化过程是指在一个设备或程序启动时所必须执行的所有指令，通常包括一些变量的赋值和发出报警的声音，对于复杂的设备，则需要自检和标定。

任务 4：用调试终端测试速度控制

本任务要制作一个速度和脉宽的关系曲线图。如图 3.14 所示的调试终端窗口能帮助你加快作图过程。可以通过该窗口的传送窗格（Transmit Windowpane）给 BASIC Stamp 微控制器发送信息。通过发送信息告诉 BASIC Stamp 发给电机的脉宽是多少，然后测量不同脉宽下电机的运行速度。

使用 DEBUGIN 指令

到目前为止，你应该已经熟悉了 DEBUG 指令，并且知道了它如何从 BASIC Stamp 发送信息到调试终端窗口。显示信息的地方叫接收窗口，因为它是显示从 BASIC Stamp 接收到信息的地方。调试终端还有一个传输窗口，它允许在程序运行时发送信息给 BASIC Stamp。可以利用 DEBUGIN 指令使 BASIC Stamp 接收输入到传输窗口的值并将其存储到一个或几个变量中。

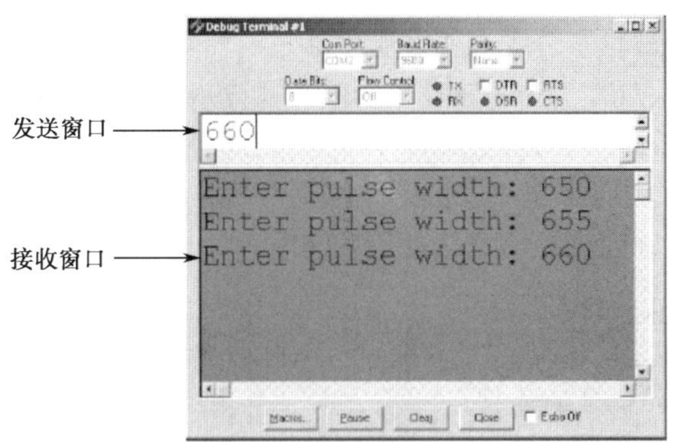

图 3.14　调试终端窗口

DEBUGIN 指令将输入到传输窗口的值存入一个变量中。下一个例程中，字变量 pulseWidth 将被用来存储 DEBUGIN 指令接收到的值。

```
pulseWidth VAR Word
```

现在用 DEBUGIN 指令来获取输入到传输窗口的十进制数值并将其存到变量 pulseWidth 中。

```
DEBUGIN DEC pulseWidth
```

后面的程序可以使用此值，在这里该值用在 PULSOUT 指令的参数 Duration 中。

```
PULSOUT 12, pulseWidth
```

例程: TestServoSpeed.bs2

该程序允许你通过调试终端的传输窗口赋值给 PULSOUT 指令的参数 Duration。

- 搁起机器人，使其轮子不能着地。
- 输入、保存并运行程序 TestServoSpeed.bs2。
- 用鼠标指向调试终端的传输窗口，激活光标以便输入。
- 输入 650，然后按回车键。
- 验证电机是否以全速顺时针旋转 6s。

当电机完成旋转后，将提示你输入另一个值。

- 输入 850，然后按回车键。
- 验证电机是否以全速逆时针运转。

试着测试轮子在脉宽 650～850 时的旋转速度，以 r/min（每分钟转动的转数）为单位。下面是具体的测试过程：

- 贴一个标记在轮子上，这样就可以知道它在 6s 内旋转了几转。

- 使用调试终端测试轮子分别以下述脉宽转过的转数：650，660，670，680，690，700，710，720，730，740，750，760，770，780，790，800，810，820，830，840，850。
- 对于每一个脉宽，转动的转数乘以 10 即得转速（单位是 r/min）。例如，如果轮子转了 3.65 转，那么转速为 36.5r/min。
- 请解释如何通过脉宽来控制电机的旋转速度。

```
' TestServoSpeed.bs2
' Enter pulse width, then count revolutions of the wheel.
' The wheel will run for 6 seconds
' Multiply by 10 to get revolutions per minute (r/min).

'{$STAMP BS2}
'{$PBASIC 2.5}

counter VAR Word
pulseWidth VAR Word
pulseWidthComp VAR Word

FREQOUT 4, 2000, 3000 ' Signal program start/reset.

DO

DEBUG "Enter pulse width: "
DEBUGIN DEC pulseWidth

pulseWidthComp = 1500-pulseWidth

  FOR counter = 1 TO 244
    PULSOUT 12, pulseWidth
    PULSOUT 13, pulseWidthComp
    PAUSE 20
  NEXT

LOOP
```

程序 TestServoSpeed.bs2 是如何工作的

首先声明了 3 个变量，FOR…NEXT 循环的 counter 变量，DEBUGIN 指令和 PULSOUT 指令的 pulseWidth 变量，第二个 PULSOUT 指令的 pulseWidthComp 变量。

```
counter VAR Word
pulseWidth VAR Word
pulseWidthComp VAR Word
```

FREQOUT 指令用来表示程序已经开始执行。

```
FREQOUT 4,2000,3000
```

程序的剩余代码都在 DO…LOOP 循环中，因此它会一遍又一遍地执行下去。每次调试终端操作者（就是你）输入脉宽后，DEBUGIN 指令将此值存储在变量 pulseWidth 中。

```
DEBUG "Enter pulse width: "
DEBUGIN DEC pulseWidth
```

要使测量更精确，必须使用两个 PULSOUT 指令。一个脉宽参数小于 750，另一个脉宽参数大于 750，两个脉宽参数的和是 1500。这就确保在每次循环执行时两个 PULSOUT 指令所用的时间之和是相同的。即无论 PULSOUT 指令的脉宽参数是多少，FOR…NEXT 循环都要花去同样的时间执行。这就使后面的转速测量更准确。

下面的指令根据所输入的脉宽值，计算另一个脉宽值，使两个脉宽参数的和为 1500。如果输入的值是 650，则 pulseWidthComp 的值是 850；如果输入的值是 850，则 pulseWidthComp 的值是 650；如果输入的值是 700，则 pulseWidthComp 的值是 800。它们加起来都是 1500。

```
pulseWidthComp = 1500 - pulseWidth
```

一个运行 6s 的 FOR…NEXT 循环首先发送脉冲给右边的伺服电机（P12），然后发送 pulseWidthComp 的值给左边的伺服电机（P13），使其向相反的方向旋转。

```
FOR counter = 1 TO 244
  PULSOUT 12, pulseWidth
  PULSOUT 13, pulseWidthComp
  PAUSE 20
NEXT
```

该你了——高级话题：脉宽与转速关系的曲线图

如图 3.15 所示是一个连续旋转电机控制脉宽和转速关系曲线的例子。横坐标代表脉宽，单位是 ms；纵坐标代表电机的旋转速度，单位是 r/min。本图中，顺时针旋转是负值，逆时针旋转是正值。这个特定电机的传输曲线的转速范围为−48～48r/min，对应脉宽范围为 1.3～1.7ms。

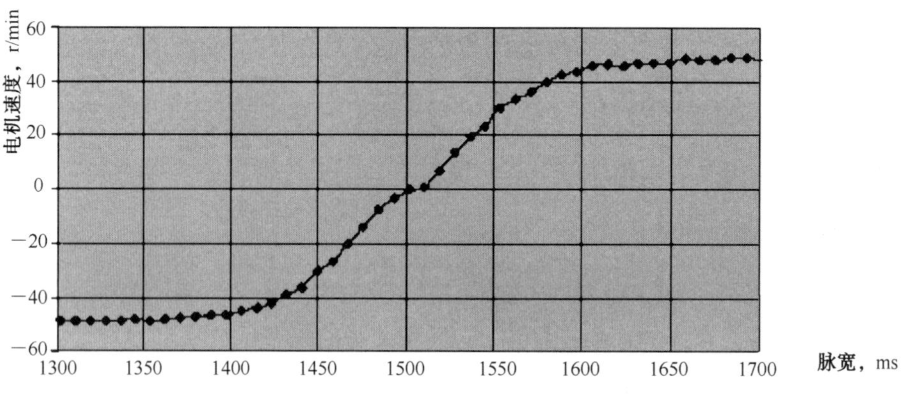

图 3.15　伺服电机控制脉宽和转速关系曲线

可以用表 3-1 来为关系曲线记录数据。记住例程中是用输入值来直接控制右轮的，左轮是相反的方向。

表 3-1　脉宽与转数关系表

脉　宽（ms）	转　速（r/min）	脉　宽（ms）	转　速（r/min）	脉　宽（ms）	转　速（r/min）	脉　宽（ms）	转　速（r/min）
1.300		1.400		1.500		1.600	
1.310		1.410		1.510		1.610	
1.320		1.420		1.520		1.620	
1.330		1.430		1.530		1.630	
1.340		1.440		1.540		1.640	
1.350		1.450		1.550		1.650	
1.360		1.460		1.560		1.660	
1.370		1.470		1.570		1.670	
1.380		1.480		1.580		1.680	
1.390		1.490		1.590		1.690	
						1.700	

记住 PULSOUT 指令的参数 Duration 是以 2μs 为单位的。PULSOUT 12, 650 发送宽度为 1.3ms 的脉冲给 P12 端口，PULSOUT 12, 655 发送宽度为 1.31ms 的脉冲，PULSOUT 12, 660 发送宽度为 1.32ms 的脉冲，依次类推。

Duration=650×2μs=650×0.000002s=0.00130s=1.3ms

Duration=655×2μs=655×0.000002s=0.00131s=1.31ms

Duration=660×2μs=660×0.000002s=0.00132s=1.32ms

- 给右轮做标记使你有一个参考点。
- 运行程序 TestServoSpeed.bs2。
- 单击调试终端的传输窗口。
- 输入 650。
- 数轮子转动的转数。

因为电机转动 6s，你可以用转数乘以 10 来得到转速（单位是 r/min）。

- 把转数乘以 10 的值输入到表 3-1 的 1.3ms 之后。
- 输入 655。
- 数轮子转动的转数。
- 把转数乘以 10 的值输入到表 3-1 的 1.31ms 之后。
- 增加 durations 的值直到 850。
- 用电子表格、计算机或图表来描绘上述数字曲线。
- 对另一个电机重复上述过程。

可以用左轮重复上述测量过程。必须更改 PULSOUT 指令，使 pulseWidth 的值发给 P13，pulseWidthComp 的值发给 P12。

工程素质和技能归纳

- 机器人的机械组装。
- 伺服电机的重新测试和子系统测试。
- 开始/复位指示电路和 FREQOUT 的编程使用。
- 运行时向微控制器发送数据与 DEBUGIN 的使用。
- 伺服电机控制脉宽和转速关系曲线的测试。
- 关系曲线作图等。

第 4 讲　机器人巡航

学习情境

机器人不同于其他自动化设备的一个重要方面就是它的运动。移动机器人的基本运动就是巡航，也就是到处走动的意思，而大多数自动化机械设备的运动都是设备内部结构的运动。本讲通过编程可以使基础机器人完成各种巡航动作，这些巡航动作和编程技术在后面的章节中都会用到。与后面章节唯一不同的是：本讲的机器人在无感觉的情况下巡航，而在后面的章节中，机器人将会根据传感器检测到的信息进行巡航。

本讲还会介绍一些调节和标定机器人巡航的方法，包括使机器人走直线、完成更精确的转弯、计算巡航的距离等技术。所要完成的主要任务如下：

（1）编程使机器人做一些基本的巡航动作，如向前、向后、左转、右转和原地旋转。

（2）调节任务 1 的运动，使动作更加精确。

（3）计算使机器人运动指定距离需要发给机器人伺服电机的脉冲数量。

（4）编写程序使机器人由突然启动或停止变为逐步加速或减速运动。

（5）写一些执行基本巡航动作的子程序，每一个子程序都能够被多次调用。

（6）将复杂巡航动作记录在 BASIC Stamp 模块内没有被程序占用的内存中，编写程序重现这些巡航动作。

任务 1：基本巡航动作

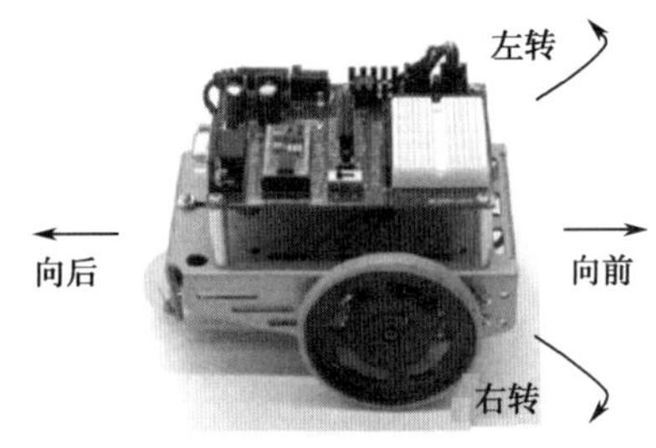

图 4.1　机器人及其运动方向的定义

如图 4.1 所示为机器人前、后、左、右 4 个方向的定义。当机器人向前走时，它将走向本页纸的右边；当它向后走时，会走向纸的左边；向左转，会使其向纸的顶端移动；向右转，它会朝着本页纸的底端移动。

向前巡航

这是一个有趣的现象：当机器人向前运动时，它的左轮会逆时针旋转，而右轮则顺时针旋转。如果还没有领会这一点，观察一下图 4.2，看能否使自己确信这是真的。

从机器人的左边看，当它向前走时，轮子是逆时针旋转的；从右边看另一个轮子，则是顺时针旋转的。

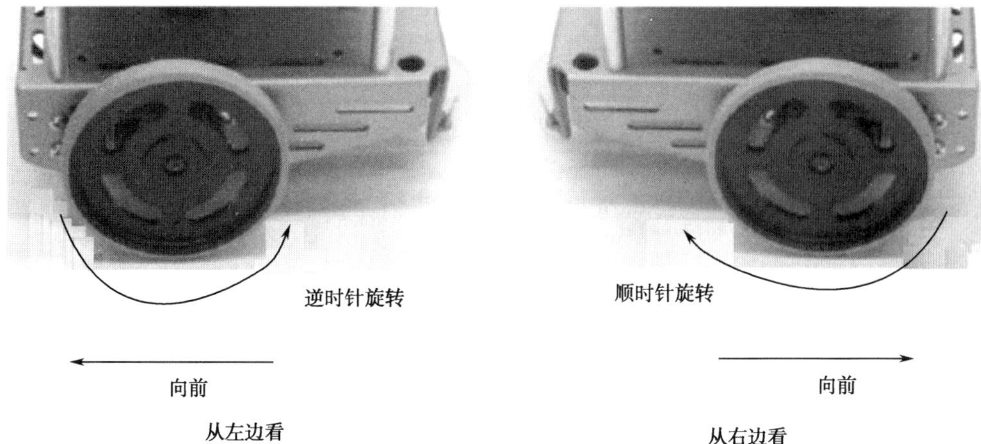

图 4.2　向前运动时两个轮子的旋转

回忆一下第 2 讲的内容，PULSOUT 指令的参数 Duration 控制伺服电机旋转的速度和方向。FOR…NEXT 循环的参数 StratValue 和 EndValue 控制发送给电机的脉冲数量。由于每个脉冲的时间是相同的，因而参数 EndValue 也控制了伺服电机运行的时间。下面是使机器人向前走 3s 的例程。

例程：RobotForwardThreeSeconds.bs2

- 确保 BASIC Stamp 模块和伺服电机都已接通电源。
- 输入、保存并运行程序 RobotForwardThreeSeconds.bs2。

```
' RobotForwardThreeSeconds.bs2
' Make the robot roll forward for three seconds.

' {$STAMP BS2}
' {$PBASIC 2.5}

DEBUG "Program Running!"

counter VAR Word

FREQOUT 4, 2000, 3000          ' Signal program start/reset.
```

```
FOR counter = 1 TO 122              ' Run servos for 3 seconds.
  PULSOUT 13, 850
  PULSOUT 12, 650
  PAUSE 20
NEXT

END
```

程序 RobotForwardThreeSeconds.bs2 如何执行

通过第 2 讲的学习，你对本例程中的语句使用已经有了很多了解：1 个变量的声明，1 个 FOR…NEXT 循环，带有参数 Pin 和参数 Duration 的 PULSOUT 指令及 PAUSE 指令。这里简单地复习一下每条语句的功能，以及如何与伺服电机的运动相关联。

先声明一个要用在 FOR…NEXT 循环中的计数变量：

```
counter VAR Word
```

然后是能够发出一个声音表示程序开始运行的语句，你应该记得它，它将会用在所有机器人运行的程序中。

```
FREQOUT 4, 2000, 3000 ' Signal program start/reset
```

FOR…NEXT 循环发出 122 对脉冲，分别连接到 P12 端口和 P13 端口的伺服电机，暂停 20ms，然后程序返回到 FOR…NEXT 循环的顶部开始下一个循环。

```
FOR counter = 1 TO 122
    PULSOUT 13, 850
    PULSOUT 12, 650
    PAUSE 20
NEXT
```

PULSOUT 13，850 使左侧电机逆时针旋转，同时 PULSOUT 12，650 使右侧电机顺时针旋转。因此，两个轮子同时转向机器人的前端，使机器人向前运动。FOR…NEXT 循环执行 122 次大约需要 3s，从而机器人也向前运动 3s。

该你了——调节距离和速度

- 将 FOR…NEXT 循环的 EndValue 参数值由 122 调到 61，这样可以使机器人运行时间是刚才的一半，运行距离也是一半。

- 以一个新的文件名存储程序 RobotForwardThreeSeconds.bs2。
- 将 FOR…NEXT 循环的 EndValue 参数值由 122 改为 61。
- 执行程序，验证运行的时间和距离是否是刚才的一半。
- 将 FOR…NEXT 循环的 EndValue 参数值改为 244，重复以上步骤。

PULSOUT 指令的 Duration 参数值为 650 和 850 都使电机以近乎最大的速度旋转。把每个 PULSOUT 指令的 Duration 参数值设定为更接近让电机保持停止的值——750，可以使机器人减速。

- 更改程序如下：

```
PULSOUT 13, 780
PULSOUT 12, 720
```

- 执行程序，验证一下机器人的巡航速度是否减慢。

向后巡航，旋转和原地旋转

给两条 PULSOUT 指令的参数 Duration 以不同的值组合就可以使机器人以不同的方式巡航。例如，下面的两条 PULSOUT 指令可以使其向后走：

```
PULSOUT 13, 650
PULSOUT 12, 850
```

下面的两条指令可以使机器人原地左转（当从机器人上方观察时，它是逆时针转动的）：

```
PULSOUT 13, 650
PULSOUT 12, 650
```

下面的两条指令可以使机器人原地右转（当从机器人上方观察时，它是顺时针转动的）：

```
PULSOUT 13, 850
PULSOUT 12, 850
```

你可以把上述指令组合到一个程序中让机器人向前走、左转、右转及向后走。

例程: ForwardLeftRightBackward.bs2

- 输入、保存并运行程序 ForwardLeftRightBackward.bs2。

小技巧： 为了快速输入该程序，可以使用 BASIC Stamp 编辑器“Edit”菜单项（Copy 和 Paste）将 FOR…NEXT 循环复制 4 次，然后只需调整 PULSOUT 指令的参数 Duration 和 FOR…NEXT 循环的参数 EndValues 的值即可。

```
' ForwardLeftRightBackward.bs2
' Move forward, left, right, then backward for testing and tuning.
' {$STAMP BS2}
' {$PBASIC 2.5}

DEBUG "Program Running!"

counter VAR Word

FREQOUT 4, 2000, 3000 ' Signal program start/reset.

FOR counter = 1 TO 64 ' Forward
  PULSOUT 13, 850
  PULSOUT 12, 650
  PAUSE 20
NEXT

PAUSE 200

FOR counter = 1 TO 24 ' Rotate left - about 1/4 turn
  PULSOUT 13, 650
  PULSOUT 12, 650
  PAUSE 20
NEXT

PAUSE 200

FOR counter = 1 TO 24 ' Rotate right - about 1/4 turn
  PULSOUT 13, 850
  PULSOUT 12, 850
  PAUSE 20
NEXT

PAUSE 200

FOR counter = 1 TO 64 ' Backward
  PULSOUT 13, 650
  PULSOUT 12, 850
  PAUSE 20
```

```
NEXT

END
```

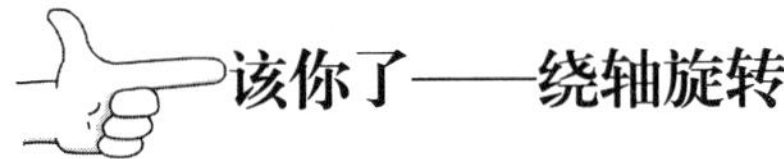

该你了——绕轴旋转

你可以使机器人绕一个轮子旋转。诀窍是使一个轮子不动而另一个旋转。例如，保持左轮不动而右轮向前做顺时针旋转时，机器人将以左轮为轴旋转。

```
PULSOUT 13, 750
PULSOUT 12, 650
```

如果你想使它从前面向右旋转，很简单，停止右轮，使左轮向前做逆时针旋转：

```
PULSOUT 13, 850
PULSOUT 12, 750
```

这些 PULSOUT 指令使机器人往后向右旋转：

```
PULSOUT 13, 650
PULSOUT 12, 750
```

这些 PULSOUT 指令使机器人往后向左旋转：

```
PULSOUT 13, 750
PULSOUT 12, 850
```

- 把程序 ForwardLeftRightBackward.bs2 另存为 PivotTests.bs2。
- 将刚讨论过的 4 组绕轴旋转语句替代向前、后、左、右运行程序中的 PULSOUT 指令。
- 把每个 FOR…NEXT 循环的参数 EndValue 的值更改为 30，以此调整每个动作的运行时间。
- 更改每个 FOR…NEXT 循环旁边的注释来反映每个新的旋转动作。
- 运行更改后的程序，验证上述旋转运动是否不同。

任务 2：基本巡航运动的调整

假设编写了一个程序让机器人全速向前直线行走 15s，但机器人运动时却是轻微地向左或向右偏移走曲线，怎么办呢？此时并不需要拆开机器人用螺丝刀重新安装调整电机，只需简单地修改程序，使机器人的两个轮子以相同的速度运行即可。用螺丝刀调节叫做“硬件调节”，而用程序调节叫做“软件调节”。

机器人直线运动的校准

校准的第一步是让机器人直线运动一段足够长的距离来检查它是偏向左还是偏向右。向前全速运动 10s 应该足够了。对上面的 RobotForwardThreeSeconds.bs2 程序进行简单地更改就可以实现这一检验。

例程: RobotForwardTenSeconds.bs2

- 打开程序 RobotForwardThreeSeconds.bs2。
- 另存为 RobotForwardTenSeconds.bs2。
- 将变量 counter 的 EndValue 参数值由 122 改为 407，如下所示：

```
' RobotForwardTenSeconds.bs2
' Make the robot roll forward for ten seconds.

' {$STAMP BS2}
' {$PBASIC 2.5}

DEBUG "Program Running!"

counter VAR Word

FREQOUT 4, 2000, 3000 ' Signal program start/reset.

FOR counter = 1 TO 407 ' Number of pulses – run time.
 PULSOUT 13, 850 ' Left servo full speed ccw.
 PULSOUT 12, 650 ' Right servo full speed cw.
 PAUSE 20
NEXT

END
```

- 运行程序，仔细观察在机器人向前行走 10s 的过程中是否有向右或向左的偏移。

该你了——调整电机的速度使机器人的直线运动轨迹是一条直线

如果机器人轻微向左偏移，从两个角度思考这个问题：要么左轮速度太慢，要么右轮速度太快。因为机器人是全速行驶的，所以给左轮加速不太实际，只要减小右轮的速度就可以解决这个问题。

记住电机的速度是由 PULSOUT 指令的参数 Duration 决定的。Duration 越接近 750，电机旋转就越慢。这就意味着把 PULSOUT 12, 650 中的 650 更改为一个更接近 750 的数就可以让右轮的速度变慢。如果机器人的直线轨迹只是偏移一点点，也许 PULSOUT 12,663 可以成功；如果偏得很多，也许需要改为 PULSOUT 12,690。可能要经过几次尝试才能得到正确的值。例如，第一次推测 PULSOUT 12,663 有了些效果，但是还不够，因为机器人还是稍微向左偏，于是试试 PULSOUT 12,670，但又矫正过多，然后又尝试 PULSOUT 12,665，结果是正确的了。这叫迭代过程，意思是不断用重复试验得到正确结果的过程。

- 修改程序 RobotForwardTenSeconds.bs2，使机器人沿直线向前运动。
- 将最准确的 PULSOUT 指令的参数值分别用标签贴在每个电机上。
- 如果机器人已经是按直线向前运动的，则试着按刚才讨论的做些修改，观察一下效果。这时机器人应该是走曲线而不是直线了。

编写程序使机器人向后走时，可能会发现一个完全不同的现象。

- 更改程序 RobotForwardTenSeconds.bs2，使机器人向后走 10s。
- 重复直线运动的测试。
- 重复上面寻找参数 Duration 正确值的过程，使机器人沿直线向后走。

转动调整

软件调节可以使机器人旋转一个期望的角度，如旋转 90°。机器人旋转的时间决定了它旋转的角度。因为 FOR…NEXT 循环控制运行时间，所以可以通过调整 FOR…NEXT 循环的参数 EndValue 得到非常接近需要的旋转角度。

下面的代码是向左旋转程序 ForwardLeftRightBackward.bs2 的旋转代码。

```
FOR counter = 1 TO 24        ' Rotate left - about 1/4 turn
  PULSOUT 13, 650
  PULSOUT 12, 650
  PAUSE 20
NEXT
```

如果执行时机器人转动得比 90° 多一点，则试试 FOR counter = 1 TO 23，或用偶数个循环 FOR counter = 1 TO 22。如果旋转的角度不够，可以增加 FOR…NEXT 循环的 EndValue 参数值来增加旋转 1/4 周所需的时间。

如果发现一个值使旋转超过 90°，而另一个值使旋转小于 90°，则尝试选择一个使其旋转稍多的值，而稍微减小电机速度。在向左旋转的情况下，两个 PULSOUT 指令的 Duration 参数值都要从 650 改向接近 750。正如直线运动调整过程一样，这也是一个迭代测试过程。

该你了——90° 旋转

- 更改程序 ForwardLeftRightBackward.bs2，使其做精确的 90° 旋转。
- 用已确定好的沿直线向前和向后的 PULSOUT 指令的参数值更新程序 ForwardLeftRightBackward.bs2 中相应的值。
- 用表示旋转 90° 的 EndValue 参数值的符号来更新每个电机的标签。

任务 3：计算运动距离

在许多机器人竞赛中，机器人运动越精确，获得的分数就越高。一个流行的机器人入门级比赛被称为“死记”，比赛的整个目标是让机器人行走到一个或更多的地方，然后精确地返回到出发点。

在机器人运动之前，必须先测试出机器人的直线运动速度。最简单的方法是把机器人放在一把尺子旁边，让机器人向前走 1s，然后测量机器人走了多远，这样就得到了它的运动速度。如果尺子上的单位是 in，那么答案将是以 in/s 为单位的；如果尺子上的单位是 cm，则答案将是以 cm/s 为单位的。

- 输入、保存并运行程序 ForwardOneSecond.bs2。
- 如图 4.3 所示，将机器人放在尺子旁边。

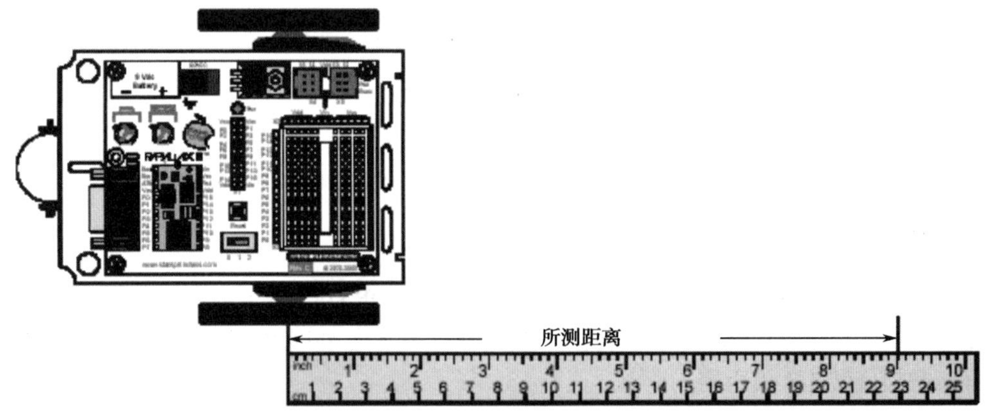

图 4.3　测量机器人 1s 所走过的距离

- 确保两个轮子接触的地面的连线与尺子的 0cm 刻度线对齐。
- 按复位键，重新运行程序。

● 测量从出发点到机器人停下时两个轮子接触点的地面距离，即为测量结果。

例程：ForwardOneSecond.bs2

```
' ForwardOneSecond.bs2
' Make the Robot roll forward for one second.

' {$STAMP BS2}
' {$PBASIC 2.5}

DEBUG "Program Running!"

counter VAR Word

FREQOUT 4, 2000, 3000 ' Signal program start/reset.

FOR counter = 1 TO 41
 PULSOUT 13, 850
 PULSOUT 12, 650
 PAUSE 20
NEXT

END
```

把刚才记录的长度作为机器人的速度，以 s 为单位计算。例如，机器人走了 23cm，因为它走这段距离用了 1s 的时间，所以这就意味着机器人的运行速度大约是 23cm/s。由此可以计算出要走一段指定的距离，机器人需要运动多少时间。例如，如果机器人要走 51cm，则它需要运动 51/23≈2.22（s）。

在第 2 讲的任务 6 中已经知道，在一个 FOR…NEXT 循环中，每次执行两个电机的 PULSOUT 指令和一个 PAUSE 指令需要 24.6ms（0.0246s）的时间。此数的倒数就是每秒传递给每个电机的脉冲数，即 1/0.0246≈40.65（pulses/s）。

因为前面已经算出机器人向前运动 51cm 所需的时间是 2.22s，而 BASIC Stamp 每秒传递给伺服电机的脉冲数是 40.65pulses，由此可以计算出需要传递给电机的脉冲数。这个数就是 FOR…NEXT 循环中参数 EndValue 的值：2.22×40.65=90.24≈90 个脉冲。

这里的计算需要两步。第一步，计算出机器人运行一段确定距离时需要运行的时间；第二步，计算出电机运行这段距离所需的脉冲数。因为已经知道用运行时间乘以 40.65 能得到脉冲数，所以可以把上面的步骤简化为一步：

脉冲数（EndValue）=（所需运动的距离/机器人运动速度）×40.65

该你了——让机器人运动你选择的距离

现在，可以用你选择的距离进行试验了。

- 如果还没有做好准备，则利用标尺和程序 ForwardOneSecond.bs2 测得机器人的运动速度，以 cm/s 为单位。
- 决定要让机器人行走的距离。
- 根据脉冲计算方程式算出需要传递给电机的脉冲数。
- 修改程序 ForwardOneSecond.bs2，使其发出根据距离算出的脉冲数。
- 运行程序并测试机器人实际运行距离同你期望距离的接近程度。

任务 4：匀变速运动

匀变速运动是指逐渐增加或减小电机运动速度，而不是急起或急停。这种运动方式可以增加机器人的电源和电机的使用寿命。

编写匀变速运动的程序

匀变速运动的关键是用一个变量替代 PULSOUT 指令的参数 Duration，在前面的章节中，一直使用常量。如图 4.4 所示的是一个 FOR…NEXT 循环，它能使机器人的速度由静止逐渐加速到全速。FOR…NEXT 循环每重复执行一次，pulseCount 变量就增加 1。第一次循环后，pulseCount 变量的值是 1，就像在执行指令 PULSOUT 13, 751 和 PULSOUT 12, 749。第二次循环后，pulseCount 变量的值是 2，就像在执行指令 PULSOUT 13, 752 和 PULSOUT 12, 748。随着 pulseCount 变量值的增加，电机的速度也在逐渐增加。循环执行 100 次后，pulseCount 变量的值是 100，就像在执行电机全速运转的指令 PULSOUT 13，850 和 PULSOUT 12,650。

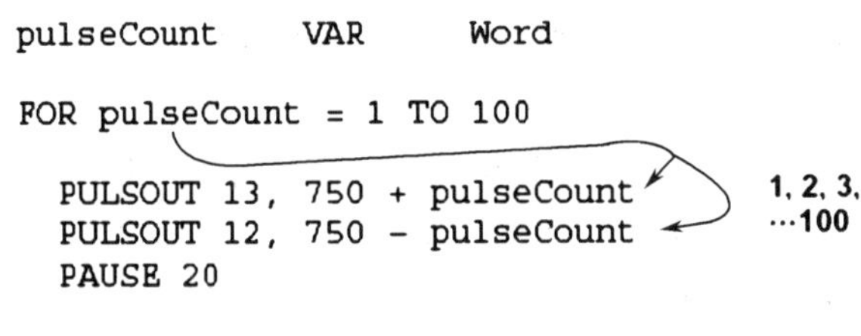

图 4.4　匀加速运动例子

回顾第2讲，FOR…NEXT循环也可以由高向低计数。可以通过使用FOR pulseCount = 100 TO 1 来实现速度的逐渐减小。下面是一个使用 FOR…NEXT 循环来实现电机速度逐渐增加到全速然后逐步减速的例子。

例程： StartAndStopWithRamping.bs2

```
' StartAndStopWithRamping.bs2
' Ramp up, go forward, ramp down.
' {$STAMP BS2}
' {$PBASIC 2.5}
DEBUG "Program Running!"
pulseCount VAR Word                         ' FOR...NEXT loop counter.
'---[ Initialization ]-----------------------------------------
FREQOUT 4, 2000, 3000                       ' Signal program start/reset.
' -----[ MainRoutine ]--------------------------------------------
' Ramp up forward.
FOR pulseCount = 1 TO 100                   ' Loop ramps up for 100 pulses.
  PULSOUT 13, 750 + pulseCount              ' Pulse = 1.5 ms + pulseCount.
  PULSOUT 12, 750 - pulseCount              ' Pulse = 1.5 ms – pulseCount.
  PAUSE 20                                  ' Pause for 20 ms.
NEXT
' Continue forward for 75 pulses.
FOR pulseCount = 1 TO 75                    ' Loop sends 75 forward pulses.
  PULSOUT 13, 850                           ' 1.7 ms pulse to left servo.
  PULSOUT 12, 650                           ' 1.3 ms pulse to right servo.
  PAUSE 20                                  ' Pause for 20 ms.
NEXT
' Ramp down from going forward to a full stop.
FOR pulseCount = 100 TO 1                   ' Loop ramps down for 100 pulses.
  PULSOUT 13, 750 + pulseCount              ' Pulse = 1.5 ms + pulseCount.
  PULSOUT 12, 750 - pulseCount              ' Pulse = 1.5 ms - pulseCount.
  PAUSE 20                                  ' Pause for 20 ms.
NEXT
END                                         ' Stop until reset.
```

- 输入、保存并运行程序 StartAndStopWithRamping.bs2。
- 验证机器人是否逐渐加速到全速，保持一段时间，然后逐渐减速到停止。

该你了

你可以创建一个程序，将加速或减速与其他的动作结合起来。下面是一个逐渐增加速度向后走而不是向前走的例子。加速向后走与向前走的唯一不同之处在于 PULSOUT 13 指令中 pulseCount 的值由 750 逐渐减小，而向前走是逐渐增加的；相应地，将 PULSOUT 12 指令中 pulseCount 的值由 750 逐渐减小改为逐渐增加。

```
' Ramp up to full speed going backwards
FOR pulseCount = 1 TO 100
  PULSOUT 13, 750 - pulseCount
  PULSOUT 12, 750 + pulseCount
  PAUSE 20
NEXT
```

你也可以通过逐渐增加参数 pulseCount 的值并与 750 相加来作为两个 PULSOUT 指令中的速度参数，从而创建一个在原地匀加速旋转的程序。通过逐渐减小参数 pulseCount 的值并与 750 相加作为两个 PULSOUT 指令中的速度参数，可以实现原地匀减速旋转。下面是一个匀变速旋转 1/4 周的例子，该例子在伺服电机减速之前没有增加到全速。

```
' Ramp up right rotate.
FOR pulseCount = 0 TO 30
  PULSOUT 13, 750 + pulseCount
  PULSOUT 12, 750 + pulseCount
  PAUSE 20
NEXT
' Ramp down right rotate
FOR pulseCount = 30 TO 0
  PULSOUT 13, 750 + pulseCount
  PULSOUT 12, 750 + pulseCount
  PAUSE 20
NEXT
```

- 从任务 1 中打开程序 ForwardLeftRightBackward.bs2，另存为 ForwardLeftRight-BackwardRamping.bs2。
- 更改新的程序，使机器人的每一个动作都能匀加速和匀减速。提示：你可以使用上面的代码片段和程序 StartAndStopWithRamping.bs2 中相似的程序片段。

任务 5：用子程序简化巡航运动程序

在后面的章节中，机器人将执行动作来避开障碍物。避开障碍物的一个关键就是需要执行预先编好的动作程序。执行这些动作程序的一个方法是用子程序。本任务首先介绍子程序，然后介绍两种用子程序实现可重复动作的方法。

子程序

一个 PBASIC 子程序有两个部分。一部分是子程序调用，它告诉程序跳到可重复执行代码部分，执行后回到调用点。另一部分是实际的子程序，它以作为自己名字的标号为子程序的起点，以 RETURN 指令为终点。标号和 RETURN 指令之间的代码段执行想让子程序做的工作。

图 4.5 是某个 PBASIC 程序的一部分，它包括了一个子程序调用和该子程序的 PBASIC 程序代码。子程序调用是 GOSUB My_Subroutine 指令。实际的子程序是从标号 My_Subroutine 到 RETURN 指令之间的部分。工作过程：当程序运行到 GOSUB My_Subroutine 指令时，它会寻找标号 My_Subroutine，如箭头①所示，程序跳到 My_Subroutine 处并开始执行指令。程序从标号处向下逐行执行指令，在调试终端会看到“Command in subroutine”信息。PAUSE 1000 使程序停顿 1s，然后执行 RETURN 指令返回到紧跟 GOSUB 指令后的指令。箭头②显示了 GOSUB 指令执行后如何立即跳回，显示信息“After subroutine”。

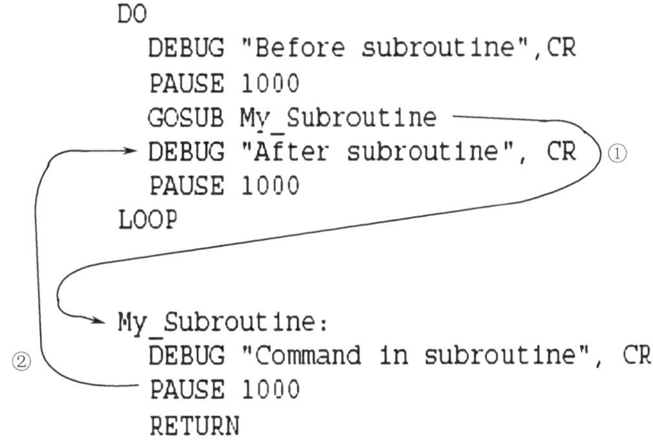

图 4.5　子程序调用

例程：OneSubroutine.bs2

- 输入、保存并运行程序 OneSubroutine.bs2。

```
' OneSubroutine.bs2
' This program demonstrates a simple subroutine call.

' {$STAMP BS2}
' {$PBASIC 2.5}

DEBUG "Before subroutine",CR
PAUSE 1000
GOSUB My_Subroutine
DEBUG "After subroutine", CR
END

My_Subroutine:
DEBUG "Command in subroutine", CR
PAUSE 1000
RETURN
```

- 观察调试终端，按几次复位按钮，每一次都应该看到顺序相同的 3 条信息。

下面是包含两个子程序的例子。一个子程序产生高音，另一个产生低音。在 DO 和 LOOP 之间的指令依次调用子程序。试验此程序并注意其结果。

例程：TwoSubroutines.bs2

- 输入、保存并运行程序 TwoSubroutines.bs2。

```
' TwoSubroutines.bs2
' This program demonstrates that a subroutine is a reusable block of commands.

' {$STAMP BS2}
' {$PBASIC 2.5}

DO
  GOSUB High_Pitch
  DEBUG "Back in main", CR
  PAUSE 1000
  GOSUB Low_Pitch
  DEBUG "Back in main again", CR
  PAUSE 1000
  DEBUG "Repeat...",CR,CR
LOOP
```

```
High_Pitch:
DEBUG "High pitch", CR
FREQOUT 4, 2000, 3500
RETURN

Low_Pitch:
DEBUG "Low pitch", CR
FREQOUT 4, 2000, 2000
RETURN
```

试着将向前、左转、右转和向后 4 个巡航运动程序放到子程序中，下面是一个例子。

例程：MovementsWithSubroutines.bs2

● 输入、保存并运行程序 MovementsWithSubroutines.bs2。

提示：可以使用 BASIC Stamp 编辑器中的“编辑”菜单将代码块从一个程序中复制并粘贴到另一个程序中。

```
' MovementsWithSubroutines.bs2
' Make forward, left, right, and backward movements in reusable subroutines

' {$STAMP BS2}
' {$PBASIC 2.5}

DEBUG "Program Running!"
counter VAR Word
FREQOUT 4, 2000, 3000 ' Signal program start/reset.

GOSUB Forward
GOSUB Left
GOSUB Right
GOSUB Backward

END

Forward:
  FOR counter = 1 TO 64
```

```
      PULSOUT 13, 850
      PULSOUT 12, 650
      PAUSE 20
    NEXT
    PAUSE 200
  RETURN

  Left:
    FOR counter = 1 TO 24
      PULSOUT 13, 650
      PULSOUT 12, 650
      PAUSE 20
    NEXT
    PAUSE 200
    RETURN

  Right:
    FOR counter = 1 TO 24
      PULSOUT 13, 850
      PULSOUT 12, 850
      PAUSE 20
    NEXT
      PAUSE 200
      RETURN

  Backward:
    FOR counter = 1 TO 64
      PULSOUT 13, 650
      PULSOUT 12, 850
      PAUSE 20
    NEXT
    RETURN
```

你应该还记得机器人移动的样子，它与程序 ForwardLeftRightBackward.bs2 产生的效果是相同的。很明显，有许多方法可以构造一个程序并得到同样的结果。下面的例子给出了第三种方法。

例程：MovementWithVariablesAndOneSubroutine.bs2

这个例子中机器人做同样动作，但只用了一个子程序和一些变量来实现。

你一定注意到，到目前为止，每个机器人的巡航动作都是用相似的代码段来完成的。比较下面的两个程序片段：

```
' Forward full speed
FOR counter = 1 TO 64
  PULSOUT 13, 850
  PULSOUT 12, 650
  PAUSE 20
NEXT

' Ramp down from full speed backwards
FOR pulseCount = 100 TO 1
  PULSOUT 13, 750 - pulseCount
  PULSOUT 12, 750 + pulseCount
  PAUSE 20
NEXT
```

使这两个代码段做不同巡航动作的是 FOR…NEXT 循环的参数 StartValue 和 EndValue，以及 PULSOUT 指令的参数 Duration 的改变。这些参数可以是变量，而且这些变量可以在程序运行的过程中被重复更改来产生不同的巡航动作。下面的程序重复使用同一个子程序，而不是使用带有特定 PULSOUT 指令参数 Duration 的单独子程序。产生不同动作的关键是在调用子程序前将这些变量设为适当的值。

- 输入、保存并运行程序 MovementWithVariablesAndOneSubroutine.bs2。

```
' MovementWithVariablesAndOneSubroutine.bs2
' Make a navigation routine that accepts parameters.

' {$STAMP BS2}
' {$PBASIC 2.5}

DEBUG "Program Running!"
counter VAR Word
pulseLeft VAR Word
pulseRight VAR Word
pulseCount VAR Byte
```

```
FREQOUT 4, 2000, 3000 ' Signal program start/reset.

' Forward
pulseLeft=850: pulseRight=650: pulseCount=64: GOSUB Navigate

' Left turn
pulseLeft=650: pulseRight=650: pulseCount=24: GOSUB Navigate

' Right turn
pulseLeft=850: pulseRight=850: pulseCount=24: GOSUB Navigate

' Backward
pulseLeft=650: pulseRight=850: pulseCount=64: GOSUB Navigate

END

Navigate:
  FOR counter=1 TO pulseCount
    PULSOUT 13, pulseLeft
    PULSOUT 12, pulseRight
    PAUSE 20
  NEXT
  PAUSE 200
  RETURN
```

机器人是否执行了前、后、左、右的巡航动作呢？开始阅读这个程序时可能会感到困难，因为这些指令以一种新的方式排列。每个变量赋值语句和 GOSUB 指令放在同一行用冒号分隔开，而不是像以前那样放在不同的行。这里，冒号的功能和回车键一样，用来分隔开每个 PBASIC 指令。这种方式允许所有与指定动作有关的新变量值放在一起，并且和子程序调用在同一行。

下面是前面提到的“死记”竞赛。

- 修改 MovementWithVariablesAndOneSubroutine.bs2，使机器人走一个正方形，并且前面两个边向前走，后面两个边向后走。提示：你需要使用任务 2 中所确定的 PULSOUT 指令的参数 EndValue。

任务 6：高级主题——在 EEPROM 中建立复杂运动

当下载 PBASIC 程序到 BASIC Stamp 时，BASIC Stamp 编辑器会将程序转换为 BASIC Stamp 可以执行的数字指令，并以 ASCII 码的形式存储在 BASIC Stamp 上面两个黑色芯片中一个标有“24LC16B”的芯片里面。这个芯片是一种特殊的计算机存储器叫 EEPROM，即电可擦除可编程只读存储器。BASIC Stamp 的 EEPROM 能够容纳 2048 字节（即 2KB）的信息。没有存储程序（从地址 2047 到 0）的存储空间可以用来存储数据（从地址 0 到 2047），即程序从地址 2047 开始往下存储，而数据则从地址 0 开始往上存储。如果存储的数据和程序发生了交叉重叠，则程序不能正常工作，这一点要切记。

EEPROM 存储器与 RAM（随机存取存储器）变量存储器有几个方面的不同。

- EEPROM 存储一个值要花费更多时间，有时需要几毫秒。
- EEPROM 可以接收写操作的次数是有限的，大约 1 千万次，而 RAM 能无限次地读/写。
- EEPROM 的主要功能是存储程序，数据可以存在剩余的部分。

单击 BASIC Stamp 编辑器的“Run”菜单项，选择“Memory Map”选项浏览 BASIC Stamp 的 EEPROM 的内容。图 4.6 显示了程序 MovementsWithSubroutines.bs2 的存储映射图。注意左边的 EEPROM 压缩图。底部小框图阴影部分显示了程序 MovementsWithSubroutines.bs2 占用的内存数量。

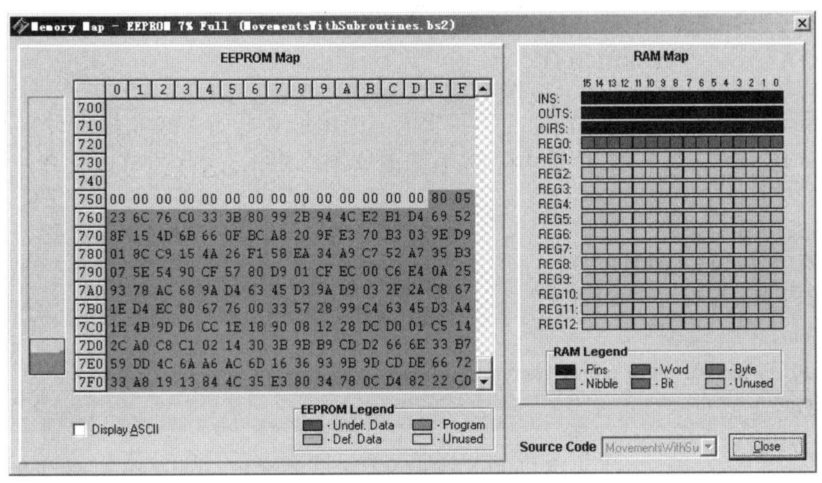

图 4.6　BASIC Stamp 存储器映射图

注意：该存储器映射图是从 BASIC Stamp 编辑器 v2.1 版本上截取下来的，对于不同版本的编辑器，其返回的内存映射都会包含相同的信息，只不过是采用了不同的格式。

在这里，声明成字变量的“counter”变量在 RAM 映射图的寄存器 0 中。

这个程序在输入时似乎比较大，但是只占用了可用 2048 字节程序存储区的 136 字节。现在那里有足够的空间存放一串相当长的指令。因为在内存中一个字符占用一个字节，所以还有可以存放 1912 个单字符指令的空间。

EEPROM 指南

到目前为止你已经试过三种不同的编程方法来使机器人向前走、左转、右转和向后走。每种方法都有它的优点，但是要让机器人执行一个更长、更复杂的巡航动作，用这些方法都很麻烦。下面要介绍的例子将在子程序中使用现在已经熟悉的代码段实现每个基本的巡航动作，每个基本动作都用一个单字母代码来引用。一长串代码字母就表示一长串的巡航动作，它们存储在 EEPROM 中，在程序执行过程中读出并解码。这样可避免重复执行一长串子程序或在每个 GOSUB 指令执行前更改变量。

这种编程方法需要用到一些新的PBASIC指令：DATA指令、READ和SELECT ... CASE ... ENDSELECT 指令。在试验新的例程之前，先学习一下如何使用这些新的指令。

每个基本动作都由一个与子程序相对应的单字母代码来引用：F 代表 Forward，B 代表 Backward，L 代表 Left_Turn，R 代表 Right_Turn。复杂的机器人运动可以很快地用这样一串代码字母设计出来。字母串的最后一个字母是 Q，意思是动作完成后退出（Quit）。下载程序时用 DATA 指令把这个字母串保存在 EEPROM 中，如下所示：

```
DATA        "FLFFRBLBBQ"
```

每个字母被存在 EEPROM 中的一个字节里，由地址 0 开始（除非你告诉它存在哪里），READ 指令能够在程序运行时从 EEPROM 中读出这个字母串。这些值可以这样从 DO…LOOP 循环中读出：

```
DO UNTIL (instruction = "Q")
  READ address, instruction
  address = address + 1
  ' PBASIC code block omitted here.
LOOP
```

address 变量是存放每个代码字母的 EEPROM 字节的地址。instruction 变量拥有存储在该地址的实际值，即代码字符。注意，每执行一次循环，address 变量的值增加 1，这就使每个字母从地址 0 开始从 EEPROM 字节中连续地被读出。

DO…LOOP 指令有可选的条件，这对于不同的情况非常便利。DO UNTIL（condition）...LOOP 允许循环重复执行直到某个确定的情况发生。DO WHILE（condition）...LOOP 允许当某一个条件存在时循环重复执行。你的例子将使用 DO UNTIL…LOOP。在这种情况下，DO…LOOP

循环重复执行直到从 EEPROM 中读到“Q”字符。

SELECT...CASE...ENDSELECT 语句用来选择一个变量并一个一个对照执行 CASE 列中对应的代码块。下面的代码块将根据 instruction 变量中的字母值调用合适的子程序。

```
SELECT instruction
    CASE "F": GOSUB Forward
    CASE "B": GOSUB Backward
    CASE "R": GOSUB Right_Turn
    CASE "L": GOSUB Left_Turn
ENDSELECT
```

这些概念都在下面的例程中体现。

例程：EepromNavigation.bs2

- 仔细阅读程序 EepromNavigation.bs2 的代码指令和注释来理解程序的每一部分是如何工作的。
- 输入、保存并运行程序 EepromNavigation.bs2。

```
' EepromNavigation.bs2
' Navigate using characters stored in EEPROM.
' {$STAMP BS2} ' Stamp directive.
' {$PBASIC 2.5} ' PBASIC directive.
DEBUG "Program Running!"

'-[ Variables ]-----------------------------------------------
pulseCount VAR Word ' Stores number of pulses.
address VAR Byte ' Stores EEPROM address.
instruction VAR Byte ' Stores EEPROM instruction.

'---[ EEPROMData ]--------------------------------------------
' Address: 0123456789 ' These two commented lines show
'          |||||||||| ' EEPROM address of each datum.
DATA      "FLFFRBLBBQ" ' Navigation instructions.

'---[ Initialization ]----------------------------------------
FREQOUT 4, 2000, 3000 ' Signal program start/reset.

'---[ MainRoutine ]-------------------------------------------
DO UNTIL (instruction = "Q")
```

```
  READ address, instruction ' Data at address in instruction.
  address = address + 1 ' Add 1 to address for next read.
  SELECT instruction ' Call a different subroutine
    CASE "F": GOSUB Forward ' for each possible character
    CASE "B": GOSUB Backward ' that can be fetched from
    CASE "L": GOSUB Left_Turn ' EEPROM.
    CASE "R": GOSUB Right_Turn
  ENDSELECT
LOOP

END ' Stop executing until reset.

' --[ Subroutine Forward ]--------------------------------------
Forward:                          ' Forward subroutine.
  FOR pulseCount = 1 TO 64        ' Send 64 forward pulses.
    PULSOUT 13, 850               ' 1.7 ms pulse to left servo.
    PULSOUT 12, 650               ' 1.3 ms pulse to right servo.
    PAUSE 20 ' Pause for 20 ms.
NEXT
RETURN                            ' Return to Main Routine loop.

' -----[ Subroutine -Backward ]---------------------------------------
Backward:                              ' Backward subroutine.
  FOR pulseCount = 1 TO 64             ' Send 64 backward pulses.
    PULSOUT 13, 650                    ' 1.3 ms pulse to left servo.
    PULSOUT 12, 850                    ' 1.7 ms pulse to right servo.
    PAUSE 20 ' Pause for 20 ms.
NEXT
RETURN                                 ' Return to Main Routine loop.

' -----[ Subroutine - Left_Turn ]----------------------------------------
Left_Turn:                             ' Left turn subroutine.
  FOR pulseCount = 1 TO 24             ' Send 24 left rotate pulses.
    PULSOUT 13, 650                    ' 1.3 ms pulse to left servo.
    PULSOUT 12, 650                    ' 1.3 ms pulse to right servo.
    PAUSE 20 ' Pause for 20 ms.
  NEXT
  RETURN                               ' Return to Main Routine loop.
```

```
' -----[ Subroutine – Right_Turn ]--------------------------------------
Right_Turn:                          ' right turn subroutine.
  FOR pulseCount = 1 TO 24           ' Send 24 right rotate pulses.
    PULSOUT 13, 850                  ' 1.7 ms pulse to left servo.
    PULSOUT 12, 850                  ' 1.7 ms pulse to right servo.
    PAUSE 20                         ' Pause for 20 ms.
  NEXT
  RETURN                             ' Return to Main Routine section.
```

你的机器人是否走了一个矩形，向前走两个边，向后走两个边？如果它走得更像一个梯形，则可能需要调节转动程序中 FOR...NEXT 循环的 EndValue 值，使其精确地旋转 90° 。

该你了

● 当 BASIC Stamp 编辑器中的程序 EepromNavigation.bs2 处于激活状态时，单击“Run”菜单项并选择“Memory Map”选项。

如图 4.7 所示，在 EEPROM 详细映射图的开始部分，存储的数据代码指令将以蓝色高亮显示。显示的数据是十六进制的 ASCII 码，与在 DATA 指令中输入的字符相对应。

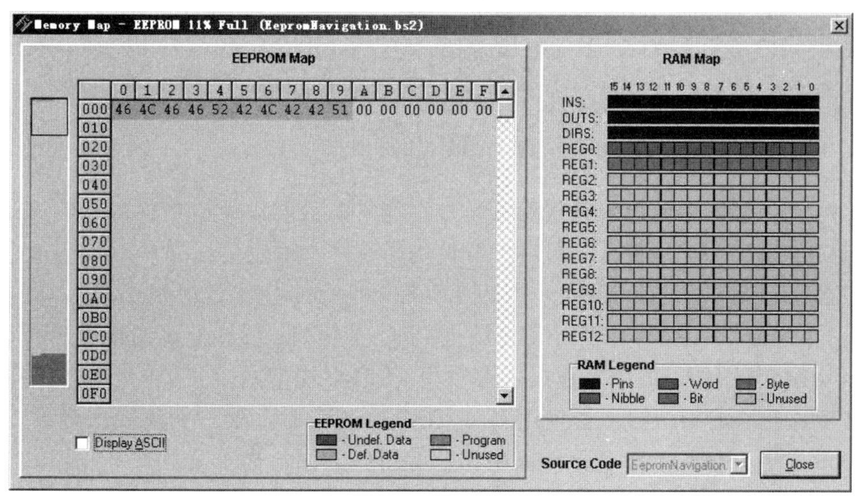

图 4.7　EEPROM 中存储的数据代码指令

● 单击图 4.7 中左下角的“Display ASCII”复选框。

现在这些数据代码指令将以一种更熟悉的形式显示在图 4.8 中。它显示的是使用 DATA 指令记录的实际字符，而不是 ASCII 码。

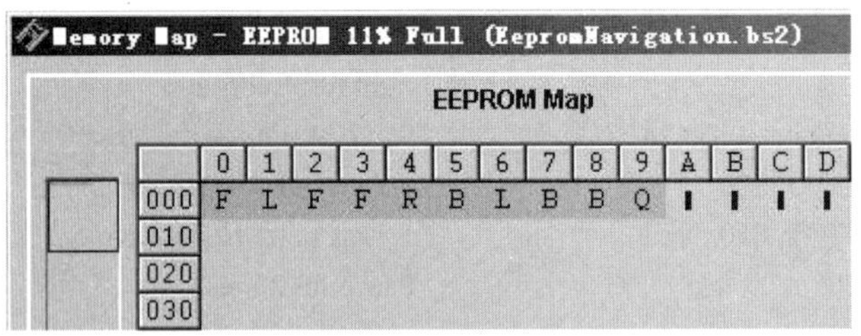

图 4.8　EEPROM 中存储的数据代码指令的实际字符

这个程序在 EEPROM 中存储了 10 个字符，这 10 个字符由 READ 指令的参数 address 访问。address 被声明成一个字节变量，因此最多可以访问 256 个地址，不过这已经远远超过本程序所需要的 10 个地址。如果 address 被声明为一个字变量，则理论上可以访问 65 535 个地址，远远超出可以访问的地址空间。记住，程序越长，EEPROM 中可以用来存储数据的空间就越少。

可以更改现有的数据串为一系列新动作，也可以增加另外的 DATA 语句。这些数据被连续存储，因而第一个数据串的最后一个字符存储完后接着会存储第二个数据串的第一个字符。

- 试着更改、增加或删除 DATA 指令中的动作字符，重新运行程序。记住，DATA 指令中的最后字符应该是“Q”。
- 更改 DATA 指令使机器人进行向前、左转、右转和后退等系列基本动作。
- 试着增加第二个 DATA 指令，记着将“Q”字符从第一个 DATA 指令的最后移到第二个指令的最后，否则程序只执行第一个 DATA 指令。

例程：EepromNavigationWithWordValues.bs2

下一个例子看起来很复杂，但它确实是一个非常有效的设计机器人运动的方法。这个例子使用了 EEPROM 数据存储区，但是没有使用子程序，而是使用单个的代码段，用变量代替 FOR...NEXT 循环的参数 EndValue 和 PULSOUT 指令的参数 Duration。

默认情况下，DATA 指令在 EEPROM 中存储字节信息。要存储字数据项，可以在 DATA 指令中增加 Word 修饰符。每个字数据需要占用 EEPROM 中两个字节的存储位置，因此每个数据要通过相邻的地址来访问。当使用多个 DATA 指令时，最方便的方法是给每个 DATA 指令加标签。这样，READ 指令就可以根据标签得到数据，而不用计算在 EEPROM 中每串数据开始的地址。看下面的代码片段：

```
'addressOffset        0               2            4            6          8
Pulses_Count    DATA Word 64,    Word 24,     Word 24,     Word 64,   Word 0
Pulses_Left     DATA Word 850,   Word 650,    Word 850,    Word 650
Pulses_Right    DATA Word 650,   Word 650,    Word 850,    Word 850
```

每个 DATA 指令以自己的标签开始。Word 修饰符放在每个用逗号分开的数据项之前。这 3 个数据项将被依次存储在 EEPROM 中。不用计算数据项的地址，因为标签和 addressOffset 变量会自动完成。READ 指令根据每个标签算出存储在 EEPROM 中数据项开始的地址，然后增加 addressOffset 变量的值来找到正确的数据项（DataItem）。找到的数据项被存储在 READ 指令的参数 Variable 中。注意，Word 修饰符应该放在要存储在 EEPROM 中的数据的前面。

```
DO
    READ Pulses_Count + addressOffset, Word pulseCount
    READ Pulses_Left + addressOffset, Word pulseLeft
    READ Pulses_Right + addressOffset, Word pulseRight
    addressOffset = addressOffset + 2
    ' PBASIC code block omitted here.
LOOP UNTIL (pulseCount = 0)
```

第一次执行完循环后，addressOffset=0。第一个 READ 指令将从 Pulses_Count 标签的第一个地址中得到一个值 64，并把它放在 pulseCount 变量中。第二个 READ 指令从 Pulses_Left 标签指定的第一个地址中得到值 850，并把它放在 pulseLeft 变量中。第三个 READ 指令从 Pulses_ Right 标签指定的第一个地址中得到值 650，并把它放在 pulseRight 变量中。注意，这些数值是上面代码片段第“0”列的 3 个值。当将这些数值替换下面代码块中的变量时：

```
FOR counter = 1 TO pulseCount
  PULSOUT 13, pulseLeft
  PULSOUT 12, pulseRight
  PAUSE 20
NEXT
```

程序变成：

```
FOR counter=1 TO 64
  PULSOUT 13, 850
  PULSOUT 12, 650
  PAUSE 20
NEXT
```

你还记得该代码块产生的基本操作吗？

- 看一下上一页的代码段的其他列，预测一下 FOR…NEXT 代码块执行第二、第三和第四个循环会是怎样的？
- 看下面程序的 LOOP UNTIL（pulseCount=0），循环执行到第五次后会发生什么呢？

● 输入、保存并运行程序 EepromNavigationWithWordValues.bs2。

```
' EepromNavigationWithWordValues.bs2
' Store lists of word values that dictate.
' {$STAMP BS2} ' Stamp directive.
' {$PBASIC 2.5} ' PBASIC directive.
DEBUG "Program Running!"

'--[ Variables ]----------------------------------------------
counter VAR Word
pulseCount VAR Word ' Stores number of pulses.
addressOffset VAR Byte ' Stores offset from label.
instruction VAR Byte ' Stores EEPROM instruction.
pulseRight VAR Word ' Stores servo pulse widths.
pulseLeft VAR Word

' --[ EEPROM Data ]---------------- ---------------------------
' addressOffset        0          2           4            6          8
Pulses_Count DATA Word 64, Word 24, Word 24, Word 64, Word 0
Pulses_Left DATA Word 850, Word 650, Word 850, Word 650
Pulses_Right DATA Word 650, Word 650, Word 850, Word 850

' -[ Initialization ]-------- ------------------------
FREQOUT 4, 2000, 3000 ' Signal program start/reset.

' --[ Main Routine ]---- ------------------------------
DO
  READ Pulses_Count + addressOffset, Word pulseCount
  READ Pulses_Left + addressOffset, Word pulseLeft
  READ Pulses_Right + addressOffset, Word pulseRight
  addressOffset = addressOffset + 2
  FOR counter = 1 TO pulseCount
    PULSOUT 13, pulseLeft
    PULSOUT 12, pulseRight
    PAUSE 20
  NEXT
LOOP UNTIL (pulseCount = 0)
END                                            ' Stop executing until reset.
```

你的机器人是否已经执行了向前—向左—向右—向后的顺序动作呢？现在是不是有点厌烦了，是不是想让机器人做点其他的动作或创建你自己的程序。

该你了——设计你自己的程序

- 以一个新的文件名保存程序 EepromNavigationWithWordValues.bs2。
- 用下面的代码代替 DATA 语句。
- 运行更改后的程序，观察 Boe-Bot 会做些什么。

```
Pulses_Count DATA      Word 60, Word 80, Word 100, Word 110,
                       Word 110, Word 100, Word 80, Word 60, Word 0
Pulses_Left  DATA      Word 850, Word 800, Word 785, Word 760, Word 750,
                       Word 740, Word 715, Word 700, Word 650, Word 750
Pulses_Right DATA      Word 650, Word 700, Word 715, Word 740, Word 750,
                       Word 760, Word 785, Word 800, Word 850, Word 750
```

- 做一个三行的表格，行对应 DATA 指令，列是每个想让机器人做的动作。在 Pulses_Count 行中增加 Word 0 项。
- 用这个表列出机器人运行方案，填充每个动作代码块所需的 FOR...NEXT 循环的参数 EndValue 和 PULSOUT 指令的参数 Duration。
- 用新的数据代替 DATA 指令。
- 输入、保存并运行程序，看机器人是不是按你的想法运动，继续做到满意为止。

工程素质和技能归纳

- 机器人基本动作的归纳、定义和程序编制。
- 机器人基本动作的精确调整和迭代调试方法。
- 机器人运动速度的测量。
- 测量出机器人的运动速度后，根据需要运行的距离计算程序所需的循环次数。
- 机器人的加速和减速运动编程。
- 子程序的概念和使用，用子程序简化机器人巡航程序。
- 微控制器内存映射的概念和数据的存储，DATA 指令的使用等。
- SELECT…CASE…ENDSELECT 语句的使用和 DO…LOOP 循环条件的使用。
- 用这些新的功能语句进一步简化巡航程序的编写等。

第5讲　机器人触觉导航

学习情境

许多自动化机械设备都依赖于各种触觉开关。例如，当机器人碰到物体时，接触开关就会察觉，通过对机器人编程来拾取物体并将其放置于别处；工厂利用触觉开关来计量生产线上的工件数量；飞机登机桥通过触觉开关感知是否已经接近飞机，以保护飞机不被撞上；许多数控设备用触觉开关保护运动机构不撞坏机器；在工业加工过程中，触觉开关也被用来排列物体。在所有这些实例中，触觉开关提供的输入信息决定设备控制器的输出，以采取相应的动作。本讲中，在机器人上安装并测试一个称为胡须的触觉开关。通过对机器人编程来监视触觉开关的状态，以及当它遇到障碍物时决定如何动作。最终的结果就是通过触觉给机器人自动导航。

触觉导航

之所以称它为胡须，是因为这些触觉开关看起来像胡须，尽管有些人争论说它更像触角。安装好的胡须如图 5.1 所示。胡须让机器人有能力通过接触来判断周边的环境，很像蚂蚁的触角，或是猫的胡须。本讲的任务是使用胡须来增加机器人的功能。

图 5.1　带触觉胡须的机器人

任务 1：安装并测试机器人的胡须

在编程让机器人通过触觉胡须自动导航之前，必须安装并测试胡须。本任务指导你完成这些工作。

胡须电路及装配

- 收集胡须硬件，如图 5.2 所示。
- 断开教学底板和电机的电源。

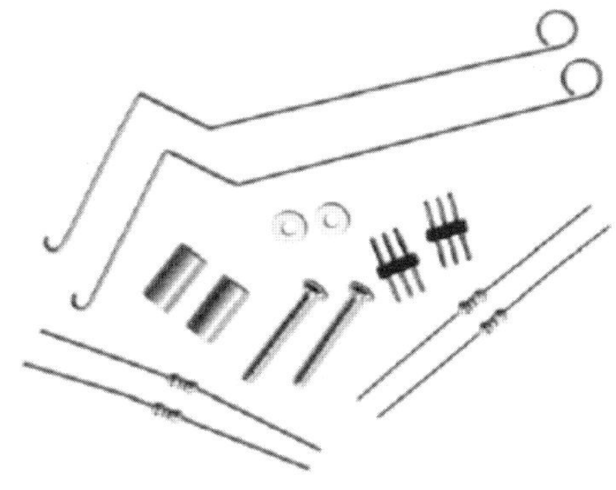

图 5.2　胡须硬件

部件清单：

（1）须状金属丝 2 根。

（2）平头 M4-40 螺钉 2 颗。

（3）½″ 圆形套管 2 个。

（4）尼龙垫圈 2 个。

（5）3-pin 公-公接头 2 个。

（6）220Ω电阻（红-红-棕）2 个。

（7）10kΩ电阻（棕-黑-橙）2 个。

安装胡须

- 拆掉连接教学底板与前支架的 2 颗螺钉。
- 参考图 5.3，进行下面的操作。
- 往螺钉上依次套上尼龙垫圈和½″ 圆形套管。
- 螺钉穿过教学底板上的圆孔之后，拧进教学底板下面的支架中，但不要拧紧。

- 把一根须状金属丝的一端钩在一颗螺钉的尼龙垫圈之上，另一个钩在螺钉的尼龙垫圈之下，调整它们的位置使它们横向交叉但又不接触。
- 将螺钉拧紧到支架上。

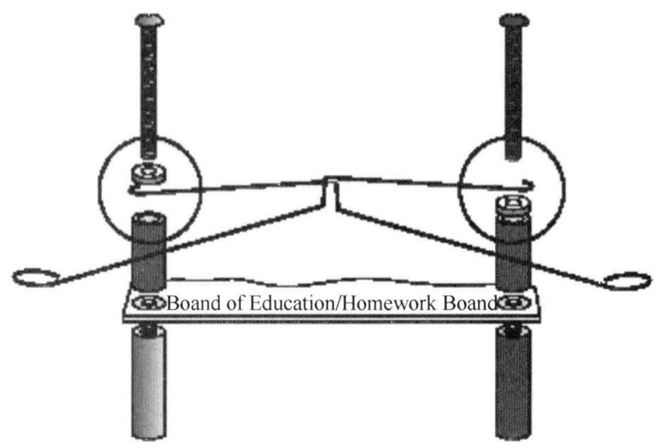

图 5.3　安装机器人触觉胡须

下一步要把如图 5.4 所示的胡须电路添加到压电式扬声器中和曾在第 2 讲、第 3 讲中搭建并测试过的伺服电机电路中。

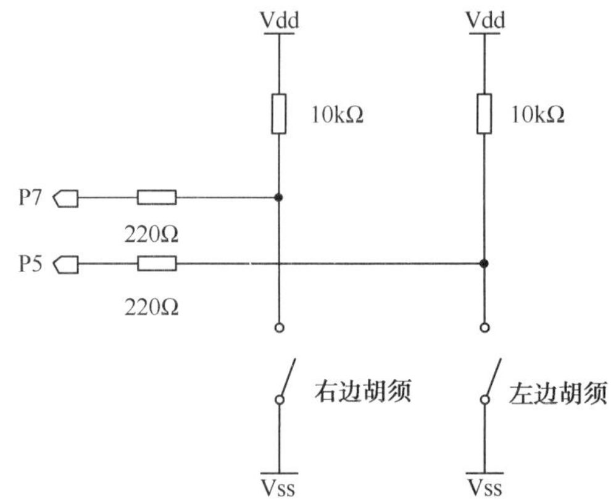

图 5.4　胡须电路示意图

- 参考如图 5.5 所示的接线图，搭建如图 5.4 所示的胡须电路。
- 确定两根胡须比较靠近，但又不接触面包板上的 3-pin 接头。推荐保持 3mm 的距离。

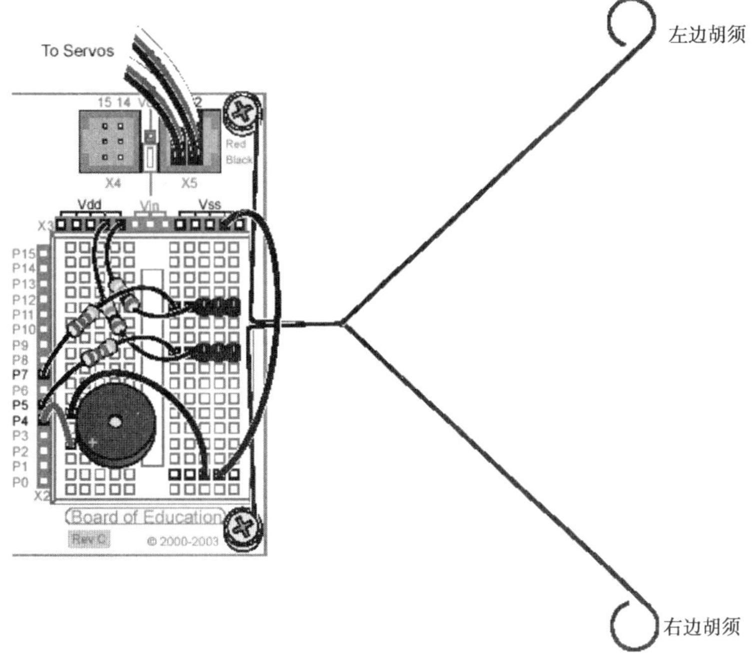

图 5.5　教学底板上胡须接线图

测试胡须

再次观察如图 5.4 所示的胡须电路示意图，每根胡须都是一个机械式、接地常开的单刀单掷开关。胡须接地（Vss）是因为教学底板边缘的安装孔（镀有金属）都连接到 Vss。金属支架和螺钉提供电气连接给触觉胡须。

通过编程让 BASIC Stamp 微控制器探测到什么时候胡须被按下。连接到每个开关电路的 I/O 引脚监视着 10kΩ上拉电阻的电压变化。图 5.6 说明胡须是如何工作的。当胡须没有被按下时，连接胡须的 I/O 引脚的电压是 5V；当胡须被按下时，I/O 引脚短接到地，所以 I/O 引脚的电压是 0V。

PBASIC 程序开始运行时，所有的 I/O 引脚默认定义为输入。也就是说，连接到胡须的 I/O 引脚会自动作为输入。作为输入，如果 I/O 引脚上的电压为 5V（胡须没有被按下），则其寄存器存储 1；如果电压为 0V（胡须被按下），则存储 0。可以用调试终端显示这些数值。

注意：连接到 P7 引脚的胡须开关的状态值 1 或 0 存储在一个名叫 IN7 的变量中。IN7 叫做输入寄存器，输入寄存器变量是一个内嵌的变量，不需要在程序开始时声明。你可以使用指令 DEBUG BIN1 IN7 来查看存储在该变量中的值。BIN1 是 DEBUG 格式符，告诉调试终端显示的是一个二进制值（1 或 0）。

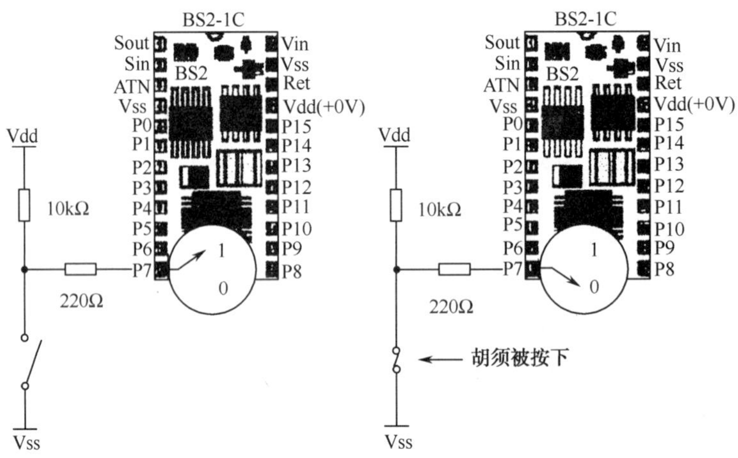

图 5.6　检测电气接触信号

例程：TestWhiskers.bs2

接下来的例程用来测试胡须的功能是否正常。通过显示存储在 P7 和 P5 的输入寄存器（IN7 和 IN5）中的二进制数字，程序将告诉你 BASIC Stamp 是否检测到胡须的接触状态。当相应输入寄存器的存储值为 1 时，说明胡须没有被按下；当存储值为 0 时，胡须被按下。

- 重新接通主板和伺服电机的电源。
- 输入、保存并运行程序 TestWhiskers.bs2。
- 这个例程要用到调试终端，所以当程序运行时要确保串口电缆连接到 BASIC Stamp 教学底板。

```
' TestWhiskers.bs2
' Display what the I/O pins connected to the whiskers sense.

' {$STAMP BS2} ' Stamp directive.
' {$PBASIC 2.5} ' PBASIC directive.

DEBUG "WHISKER STATES", CR,
"Left Right", CR,
"------ ------"
DO
  DEBUG CRSRXY, 0, 3,
        "P5 = ", BIN1 IN5,
        " P7 = ", BIN1 IN7
```

```
    PAUSE 50
LOOP
```

- 注意调试终端的显示值，此时 P7 和 P5 的显示值都应该为 1。
- 检查图 5.5，弄清哪根胡须是“左胡须”，哪根是“右胡须”。
- 把右胡须按到 3-pin 接头上，注意调试终端的数值，数值应该为 P5=1、P7=0。
- 同时把两根胡须按到各自的 3-pin 接头上，此时数值应该为 P5=0、P7=0。
- 如果两根胡须都通过测试，则可以继续下面的内容；否则，检查程序或电路中存在的错误。

注意：CRSRXY 是 DEBUG 指令的格式符，用来方便你将执行程序发送到调试终端的信息安排到指定的位置。例程中的 CRSRXY 0,3 将光标定位到调试终端的第 0 列和第 3 行的位置。这个位置正好在表头“WHISKER STATES”的下方。而且每经过一次循环，新的值都将覆盖旧的显示值，因为每次循环过后，光标都会回到同一个地方。

任务 2：现场测试胡须

在后面的例程中，你必须脱机测试触觉胡须。没有计算机的调试终端，你该怎么办？一种解决的办法是对 BASIC Stamp 微控制器编程，让它根据其接收到的输入信号发送一个相对应的输出信号。下面利用一对 LED 显示电路和一段程序，由程序基于触觉胡须的输入打开或关闭 LED。

部件清单：

（1）220Ω电阻（红-红-棕）2 个。

（2）红色 LED 2 个。

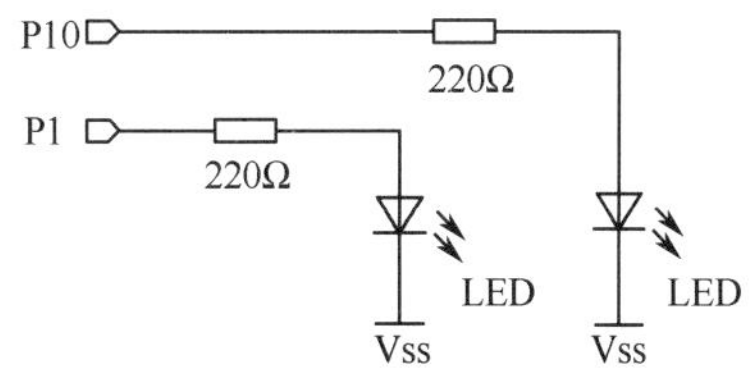

图 5.7　LED 胡须测试电路示意图

搭建 LED 胡须测试电路

- 断开教学底板和伺服电机的电源；
- 参考接线图 5.8，搭建如图 5.7 所示的 LED 电路。

对 LED 胡须测试电路编程

- 重新连接教学底板的电源。
- 将程序 TestWhiskers.bs2 另存为 TestWhiskersWithLeds.bs2。
- 在 PAUSE 50 和 LOOP 命令之间插入以下两段 IF...THEN 语句：

```
IF (IN7 = 0) THEN
```

```
  HIGH 1
ELSE
  LOW 1
ENDIF
IF (IN5 = 0) THEN
  HIGH 10
ELSE
  LOW 10
ENDIF
```

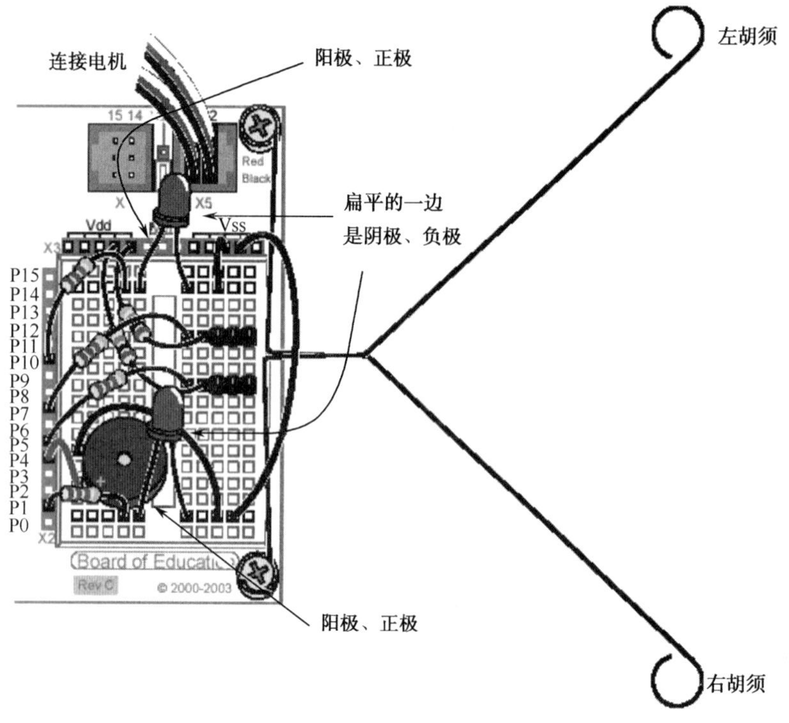

图 5.8　LED 胡须测试电路接线图

在后面的任务中，会更全面地介绍 IF...THEN 语句。这些语句在 PBASIC 语言中用来做条件判断。第一个 IF...THEN 语句判断当连接到 P7 的胡须被按下（IN7=0）时，设置 P1 为高电平，LED 亮；ELSE 部分是当胡须没有被按下时，设置 P1 为低电平，LED 灭。第二个 IF...THEN 语句对连接到 P5 的胡须和连接到 P10 的 LED 做同样的事情。

- 运行程序 TestWhiskersWithLeds.bs2。
- 轻轻地按下胡须，测试该程序。每根胡须接触到自己的 3-pin 接头时，红色 LED 会变亮。

任务 3：胡须导航

在任务 1 中，BASIC Stamp 被编程用来检测胡须是否被按下。在本任务中，BASIC Stamp 被编程用来利用这些检测到的信息对机器人导航。在机器人行走过程中，如果有胡须被按下，那就意味着该胡须碰到了什么。导航程序需要接收这些输入信息，判断它的意义，调用一系列使机器人动作的子程序，从而使它倒退、旋转以朝不同的方向行走。

编程使机器人基于触觉胡须导航

下面的程序让机器人向前走直到碰到障碍物。此时，机器人用它的一根或两根胡须碰障碍物，当遇到障碍物时胡须被按下。一旦胡须被按下，机器人就探测到了障碍物，然后可以调用第 4 讲中的导航基本动作子程序使机器人倒退或转弯，以避开障碍物重新向前行走，直到遇到另一个障碍物重复上述过程。

为了实现这些功能，需要编程使机器人做出条件判断。PBASIC 语言中有一个条件判断指令语句 IF…THEN，其句法是：

```
IF (condition) THEN…{ELSEIF (condition)}…{ELSE}…ENDIF
```

句中的“…”表示可以在此放置一个代码段（由一条或多条指令组成）。下面的例程会基于胡须的输入状态做出选择，然后调用相关子程序使机器人动作。子程序同第 4 讲里用到的一样。下面的代码片断是 IF…THEN 的使用说明。

```
IF (IN5 = 0) AND (IN7 = 0) THEN
  GOSUB Back_Up              ' Both whiskers detect obstacle,
  GOSUB Turn_Left            ' back up & U-turn (left twice)
  GOSUB Turn_Left
ELSEIF (IN5 = 0) THEN        ' Left whisker contacts
  GOSUB Back_Up              ' Back up & turn right
  GOSUB Turn_Right
ELSEIF (IN7 = 0) THEN        ' Right whisker contacts
  GOSUB Back_Up              ' Back up & turn left
  GOSUB Turn_Left
ELSE                         ' Both whiskers 1, no contacts
  GOSUB Forward_Pulse        ' Apply a forward pulse &
ENDIF                        ' check again
```

例程：RoamingWithWhiskers.bs2

这个程序示范了一种利用 IF…THEN 语句根据胡须输入状态决定调用哪个导航子程序的方法。

- 重新打开教学底板和伺服电机的电源。
- 输入、保存并运行程序 RoamingWithWhiskers.bs2。
- 尝试让机器人行走，当在路线上遇到障碍物时，它将后退、旋转并向另一个方向行走。

```
' -----[ Title ]-----------------------------------------------------------
' RoamingWithWhiskers.bs2
' Robot uses whiskers to detect objects, and navigates around them.
' {$STAMP BS2} ' Stamp directive.
' {$PBASIC 2.5} ' PBASIC directive.

DEBUG "Program Running!"
' -----[ Variables ]-------------------------------------------------------
pulseCount VAR Byte ' FOR...NEXT loop counter.
' -----[ Initialization ]--------------------------------------------------
FREQOUT 4, 2000, 3000 ' Signal program start/reset.

' -----[ Main Routine ]----------------------------------------------------
DO
IF (IN5 = 0) AND (IN7 = 0) THEN ' Both whiskers detect obstacle
   GOSUB Back_Up ' Back up & U-turn (left twice)
   GOSUB Turn_Left
   GOSUB Turn_Left
ELSEIF (IN5 = 0) THEN ' Left whisker contacts
   GOSUB Back_Up ' Back up & turn right
   GOSUB Turn_Right
ELSEIF (IN7 = 0) THEN ' Right whisker contacts
   GOSUB Back_Up ' Back up & turn left
   GOSUB Turn_Left
ELSE ' Both whiskers 1, no contacts
   GOSUB Forward_Pulse ' Apply a forward pulse
ENDIF ' and check again
LOOP

' -----[ Subroutines ]-----------------------------------------------------
Forward_Pulse: ' Send a single forward pulse.
```

```
    PULSOUT 13,850
    PULSOUT 12,650
    PAUSE 20
    RETURN
  Turn_Left: ' Left turn, about 90-degrees.
    FOR pulseCount = 0 TO 20
      PULSOUT 13, 650
      PULSOUT 12, 650
      PAUSE 20
    NEXT
    RETURN
  Turn_Right:
    FOR pulseCount = 0 TO 20 ' Right turn, about 90-degrees.
    PULSOUT 13, 850
    PULSOUT 12, 850
    PAUSE 20
    NEXT
    RETURN
  Back_Up: ' Back up.
    FOR pulseCount = 0 TO 40
    PULSOUT 13, 650
    PULSOUT 12, 850
    PAUSE 20
    NEXT
    RETURN
```

带着胡须的机器人如何漫游

主程序中的 IF...THEN 语句首先检查胡须所有需要注意的状态。如果两根胡须都按下了（IN5=0 和 IN7=0），则调用 Back_Up 子程序，紧接着调用 Turn_Left 子程序两次实现调头；如果只是左胡须被按下（IN5=0），则主程序调用 Back_Up 子程序，再调用 Turn_Right 子程序；如果右胡须被按下（IN7=0），则主程序调用 Back_Up 子程序，再调用 Turn_Left 子程序；如果两根胡须都没有被按下（IN5=1 和 IN7=1），在这种情况下 ELSE 命令调用 Forward_Pulse 语句。

子程序 Turn_Left、Turn_Right 及 Back_Up 大家应该相当熟悉，但是子程序 Forward_Pulse 有一个变动，它只发送一个脉冲，然后返回。这点相当重要，因为机器人可以在向前行走时在每两个控制脉冲之间检查胡须的状态。即机器人在向前行走时，每秒要检查障碍物大概 40 次。

```
Forward_Pulse:
  PULSOUT 12,650
  PULSOUT 13,850
  PAUSE 20
  RETURN
```

每个全速前进的脉冲都使机器人前进大约 1/2cm。发送一个控制脉冲，然后检查胡须状态是一个好主意。由于 IF…THEN 语句一般放置在 DO…LOOP 之中，所以每次程序从 Forward_Pulse 返回都要运行到 LOOP 语句处，程序返回到 DO。然后会发生什么呢？IF…THEN 语句会再次检查胡须的所有状态。

该你了

可以调整 Back_Right 和 Back_Left 子程序中 FOR...NEXT 循环的参数 EndValue 的值来增加或减少电机的转角。在空间比较狭小的地方，可以调整程序 Back_Up 中参数 EndValue 的值来减少后退的距离。

- 在程序 RoamingWithWhiskers.bs2 的导航子程序中，试验 FOR...NEXT 循环中的参数 EndValue 的不同取值。

也可以修改 IF…THEN 语句让前面任务中的 LED 指示灯来指示机器人的动作。通过添加 HIGH 和 LOW 命令来控制 LED 电路。举例说明：

```
IF (IN5 = 0) AND (IN7 = 0) THEN
  HIGH 10
  HIGH 1
  GOSUB Back_Up
  GOSUB Turn_Left
  GOSUB Turn_Left
ELSEIF (IN5 = 0) THEN
  HIGH 10
  GOSUB Back_Up
  GOSUB Turn_Right
ELSEIF (IN7 = 0) THEN
  HIGH 1
  GOSUB Back_Up
  GOSUB Turn_Left
ELSE
  LOW 10
```

```
  LOW 1
  GOSUB Forward_Pulse
ENDIF
```

- 修改程序 RoamingWithWhiskers.bs2 中的 IF…THEN 语句，让机器人用 LED 指示灯指示它的动作。

任务 4：机器人迷路时的人工智能决策

你或许已注意到机器人迷失在墙角里的情况。当机器人进入墙角时，左胡须触墙，于是它右转。当机器人再向前行走时，右胡须触墙，于是左转。然后它再前进又会碰到左墙，再次碰到右墙……这时只能动手把它从困境中解救出来。

编程逃离墙角

可以修改 RoamingWithWhiskers.bs2 来发觉并解决这个问题。诀窍是记下胡须交替按下的总次数。技巧是程序必须记住每根胡须在上次按下时处于什么状态，并和当前按下的状态对比。如果状态相反，就在总数上加 1。如果这个总数超过了程序中预先给定的阈值，那么就该做一个“U”形转弯，并且把胡须交替计数器复位。

下面这个例程依赖于 IF…THEN 的嵌套语句来实现。换句话说，程序检查一种条件，如果该条件成立（条件为真），则再检查包含于这个条件之内的另一个条件。这是一个伪码例程，说明嵌套语句用法。

```
IF condition1 THEN
  Commands for condition1
  IF condition2 THEN
    Commands for both condition2 and condition1
ELSE
    Commands for condition1 but not condition2
  ENDIF
ELSE
  Commands for not condition1
ENDIF
```

下面是一个包含 IF…THEN 嵌套语句的例程，用于探测连续的、交替出现的胡须按下次数。

例程：EscapingCorners.bs2

这个程序使机器人在第四次或第五次交替探测到墙角后，完成一个“U”形的拐弯，次数依赖于哪一根胡须先被触动。

- 输入、保存并运行程序 EscapingCorners.bs2。
- 在机器人行走时，轮流按下它的胡须，测试该程序。胡须在经过四次或五次触动之后，机器人会进行“U”形的拐弯，次数取决于你先触动哪根胡须。

```
' -----[ Title ]-----------------------------------------------
' EscapingCorners.bs2
'   Robot navigates out of corners by detecting alternating whisker presses.
' {$STAMP BS2}                              ' Stamp directive.
' {$PBASIC 2.5}                             ' PBASIC directive.
DEBUG "Program Running!"

' -----[ Variables ]-------------------------------------------
pulseCount VAR Byte                         ' FOR...NEXT loop counter.
counter VAR Nib                             ' Counts alternate contacts.
old7 VAR Bit                                ' Stores previous IN7.
old5 VAR Bit                                ' Stores previous IN5.

' -----[ Initialization ]--------------------------------------
FREQOUT 4, 2000, 3000                       ' Signal program start/reset.
counter = 1                                 ' Start alternate corner count.
old7 = 0                                    ' Make up old values.
old5 = 1

' -----[ MainRoutine ]-----------------------------------------
DO

' --- Detect Consecutive Alternate Corners ----------------------

IF (IN7 <> IN5) THEN                                  ' One or other is pressed.
  IF (old7 <> IN7) AND (old5 <> IN5) THEN ' Different from previous.
    counter = counter + 1                 ' Alternate whisker count + 1.
    old7 = IN7 ' Record this whisker press
    old5 = IN5 ' for next comparison.
    IF (counter > 4) THEN                 ' If alternate whisker count = 4,
      counter = 1                         ' reset whisker counter
```

```
        GOSUB Back_Up                  ' and execute a U-turn.
        GOSUB Turn_Left
        GOSUB Turn_Left
      ENDIF                                      ' ENDIF counter > 4.
    ELSE                                         ' ELSE (old7=IN7) or (old5=IN5),
    counter = 1                                  ' not alternate, reset counter.
    ENDIF                                        ' ENDIF (old7<>IN7) and' (old5<>IN5).
  ENDIF                                          ' ENDIF (IN7<>IN5).

  ' --- Same navigation routine from RoamingWithWhiskers.bs2 -----------

    IF (IN5 = 0) AND (IN7 = 0) THEN   ' Both whiskers detect obstacle
      GOSUB Back_Up                              ' Back up & U-turn (left twice)
      GOSUB Turn_Left
      GOSUB Turn_Left
    ELSEIF (IN5 = 0) THEN                        ' Left whisker contacts
      GOSUB Back_Up                              ' Back up & turn right
      GOSUB Turn_Right
    ELSEIF (IN7 = 0) THEN                        ' Right whisker contacts
    GOSUB Back_Up                                ' Back up & turn left
    GOSUB Turn_Left
    ELSE                                         ' Both whiskers 1, no contacts
    GOSUB Forward_Pulse                          ' Apply a forward pulse
    ENDIF                                        ' and check again
  LOOP

  ' ----[ Subroutines ]--------------------------------------------
  Forward_Pulse: ' Send a single forward pulse.
  PULSOUT 13,850
  PULSOUT 12,650
  PAUSE 20
  RETURN

  Turn_Left: ' Left turn, about 90-degrees.
  FOR pulseCount = 0 TO 20
  PULSOUT 13, 650
  PULSOUT 12, 650
  PAUSE 20
  NEXT
```

```
RETURN

Turn_Right:
FOR pulseCount = 0 TO 20 ' Right turn, about 90-degrees.
PULSOUT 13, 850
PULSOUT 12, 850
PAUSE 20
NEXT
RETURN

Back_Up: ' Back up.
FOR pulseCount = 0 TO 40
PULSOUT 13, 650
PULSOUT 12, 850
PAUSE 20
NEXT
RETURN
```

程序 EscapingCorners.bs2 是如何工作的

由于该程序是经 RoamingWithWhiskers.bs2 修改而来的，所以只讨论与探测和逃离墙角相关程序的新特征。

创建了 3 个特别的变量探测墙角。半字节变量 counter 可以存储 0～15 之间的任一数值。由于探测墙角的目标值设定为 4，所以变量的大小应该是合理的。回想一下，一个位变量只能保存一个二进制数 0 或 1。下面两个变量（old7 和 old5）都是位变量，用它们存储旧的位变量 IN7 和 IN5 合适。

```
counter VAR Nib
old7 VAR Bit
old5 VAR Bit
```

变量必须经过初始化（给定初始值）。为了便于阅读程序，将 counter 设为 1，当机器人卡在墙角此值累计到 4 时，counter 复位为 1。old7 和 old5 必须赋值，以便看起来像两根胡须中的一根在程序开始之前就被触动了。这些工作之所以必须做，是因为探测墙角的程序总是对比交替触动的部分，或 IN5=1 和 IN7=0，或 IN5=0 和 IN7=1。同样地，old7 和 old5 的值必须相互不同。

```
counter = 1
old7 = 0
```

```
old5 = 1
```

现在来看如何探测连续和交替碰到墙角。首先要检查的是，是否有任何一根胡须被按下。简单的方法就是询问“是否 IN7 不同于 IN5？”在 PBASIC 语言中，可以在条件假设语句中应用不等于操作符“<>”，如

```
IF (IN7 <> IN5) THEN
```

假如真有胡须被按下，接下来要做的事情就是检查当前状态是否确实与上次不同。换句话说，是 old7 不等于 IN7 (old7 <> IN7)和 old5 不等于 IN5 (old5 <> IN5)吗？如果是，就在胡须触动计数器上加 1，同时记下当前的状态。设置 old7 等于当前的 IN7，old5 等于当前的 IN5。

```
IF (old7 <> IN7) AND (old5 <> IN5) THEN
  counter = counter + 1
  old7 = IN7
  old5 = IN5
```

如果发现胡须连续四次被交替按下，那么计数值置 1，并且进行“U”形的拐弯。

```
IF (counter > 4) THEN
  counter = 1
  GOSUB Back_Up
  GOSUB Turn_Left
  GOSUB Turn_Left
ENDIF
```

ENDIF 结束 IF counter > 4 代码段。

ELSE 语句接着 IF (old7 <> IN7) AND (old5 <> IN5) THEN 语句。ELSE 语句说明当 IF 语句不为真时该做什么。换句话说，不是胡须交替被按下，于是计数值复位，因为机器人没有陷入墙角。

```
ELSE
  counter = 1
```

接下来的 ENDIF 结束条件判断语句 IF (old7 <> IN7) AND (old5 <> IN5) THEN，最后一个 ENDIF 结束 IF (IN7 <> IN5) THEN。

程序中剩余部分和前面讨论的一样。

该你了

在程序 EscapingCorners.bs2 中，有一个 IF...THEN 语句用于检查 counter 是否已经达到 4。

- 尝试增加变量 counter 的数值为 5 和 6，注意结果。
- 尝试减小变量 counter 的数值，观察机器人在正常行走过程中是否有任何不同。

工程素质和技能归纳

- 机器人触觉传感电路的搭建和在线编程测试。
- 机器人触觉传感器的现场测试和 LED 指示电路及编程实现。
- 机器人触觉导航漫游的程序设计和条件编程语句的引入。
- 机器人如何逃离墙角和条件语句的嵌套等。

第 6 讲　用光敏电阻进行导航

学习情境

光在机器人和工业控制领域有很广泛的应用。例如，在纺织工业中感应织物转筒的边沿，确定一年中不同季节什么时候打开街灯，什么时候拍照或什么时候给各种庄稼灌溉。

有许多不同光传感器能提供各种独特功能。本讲应用光传感器来探测可见光，并且检测不同的光亮度水平，以此来控制机器人的行为。同样，也可以编程使机器人识别周围环境的明暗，报告探测到的明暗水平，并且可以寻找手电筒光束或从门口射进黑暗屋子的光线这样的光源。

光敏电阻介绍

前面章节所用到的电阻都有固定值，如 220Ω、10kΩ。光敏电阻是一种电阻值依赖于光强的光传感器，即其阻值由照射到检测表面的光的亮度或强度决定（LDR，Light Dependent Resistor）。图 6.1 是光敏电阻示意图和元件图，本讲机器人将用光敏电阻检测不同的光亮度水平。

图 6.1　光敏电阻示意图和元件图

任务 1：搭建和测试光敏电阻电路

本讲中，将用光敏电阻来搭建并测试光的亮度感应电路。光的亮度感应电路能够探测出阴影和非阴影，判断光敏电阻是否感应到阴影的 PBASIC 命令和用来判断胡须是否碰到物体的命令非常相似。

部件清单：

（1）光敏电阻 2 个。

（2）2kΩ电阻（红-黑-红）2 个。

（3）220Ω电阻（红-红-棕）2 个。

（4）线若干。

（5）470Ω电阻（黄-紫-棕）2 个。

（6）1kΩ电阻（棕-黑-红）2 个。

（7）4.7kΩ电阻（黄-紫-红）2 个。

（8）10kΩ电阻（棕-黑-橙）2 个。

搭建感光眼

如图 6.2 所示是光敏探测电路原理图，图 6.3 是光敏探测电路接线图，这些在本节和后面两个任务中都要用到。

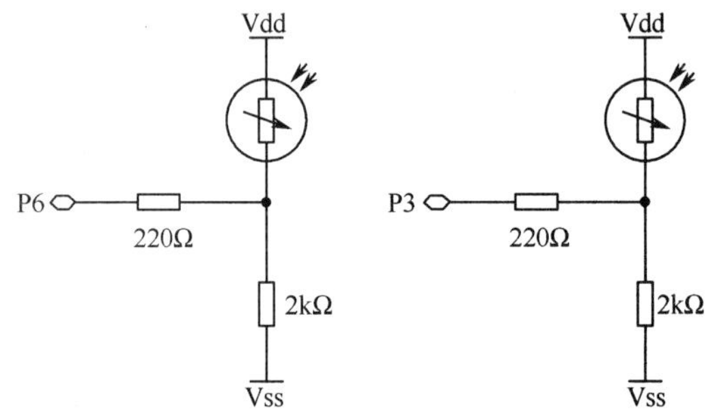

图 6.2　光敏探测电路原理图

- 断开教学底板和伺服系统的电源。
- 参考图 6.3 搭建如图 6.2 所示的电路。

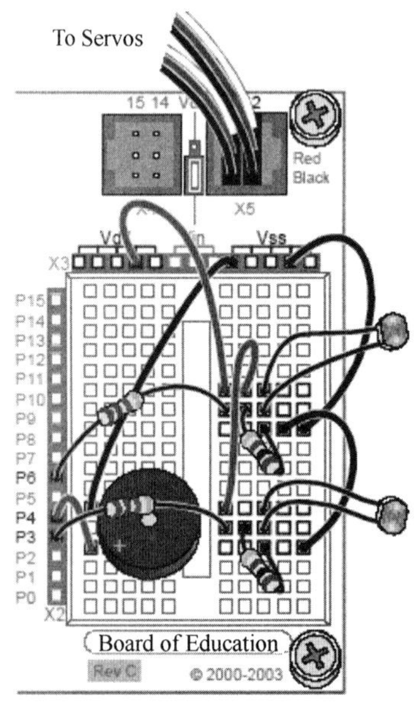

图 6.3　光敏探测电路接线图

光探测电路是如何工作的

BASIC Stamp 的 I/O 端口可以作为输入或输出口。当作为输出口时，I/O 端口可以送出高电平（5V）或低电平（0V）信号。迄今为止，这些信号已被用来控制 LED 灯的开或关，控制伺服电机和送音调给扬声器。当作为输入口时，I/O 端口不会供给电压给与其连接的电路，相反的，它只是监视电路状态，而不会对电路有任何影响。在前面的章节中，输入寄存器已经存储了指示胡须是否被按下的值。例如，当检测到 5V 电压（胡须没有被按下）时，IN7 输入寄存器存储 1；当检测到 0V 电压（胡须被按下）时，寄存器存储 0。

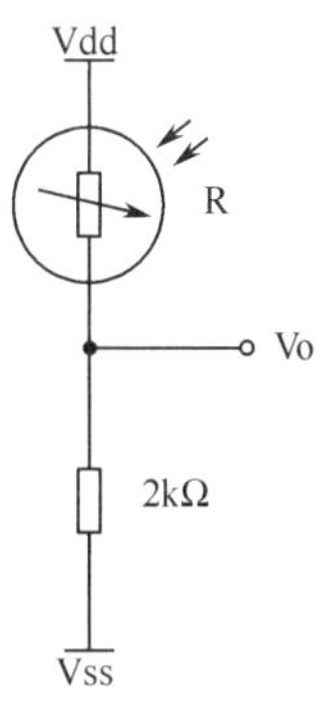

图 6.4　分压电路

设定为输入的 I/O 端口实际上并不需要 5V 来使其输入寄存器的值为 1，任何大于 1.4V 的电压都会使其寄存器的值为 1。同样的，I/O 端口也不需要 0V 来使其输入寄存器的值为 0，任何小于 1.4V 的电压都会使其寄存器的值为 0。

当 BASIC Stamp 的 I/O 端口是输入口时，图 6.4 是其等效电路。光敏电阻的阻值用字母 R 来表示。如果光特别亮，则电阻值非常小；如果是在完全黑暗的环境中，则电阻值将接近 50kΩ。在一个带荧光天花板且光线好的屋子里，电阻值可能小到 1kΩ（光线没有任何遮挡）或大到 25kΩ（阴影遮住了光敏电阻）。

由于光敏电阻的阻值随着光照的强弱而改变，Vo 点的输出电压也随之改变。当 R 的阻值增大时，Vo 会减小；当 R 的阻值减小时，Vo 会增大。Vo 正是当 BASIC Stamp 的 I/O 端口作为输入口时检测到的电压。如果电路连接到 IN6，那么当 Vo 的值大于 1.4V 时，IN6 寄存器存储 1；当 Vo 的值小于 1.4 V 时，IN6 寄存器存储 0。

探测阴影

阴影使光敏电阻的电阻值增大，反过来使电压 Vo 减小。在一个灯光比较好的屋子里，2kΩ电阻使 Vo 的值刚好大于 1.4V。如果用手投一个阴影，Vo 会小于临界值 1.4V。

在一个灯光比较好的屋子里，IN6 和 IN3 都会存储 1，如果在连接到 P6 的分压器的光敏电阻上投一个阴影，则 IN6 的值变为 0。同样的，如果在连接到 P3 的分压器的光敏电阻上投一个阴影，则 IN3 的值变为 0。

例程：TestPhotoresistorsDividers.bs2

本例程适用于光敏电阻分压器的检测。正如在第 5 讲里面监测 P5 和 P7 那样，现在监测连接到光敏电阻分压器的 P3 和 P6。在一个光线比较好的屋子里，程序在两边都显示 1。当用手在一个或两个光敏电阻上投一个阴影时，它们所对应的值都变为 0。

- 重新接通教学底板的电源。

- 输入、保存并运行程序 TestPhotoresistorDividers.bs2。
- 验证没有阴影时，IN6 和 IN3 的值是否为 1。
- 验证当用手在每个光敏电阻上投一个阴影时，所对应的值是否会变为 0。
- 如果投阴影使输入寄存器变为 0，或无论你是否投一个阴影，输入寄存器的值总是 0，请参考程序后面的光敏电阻分压器排错部分。继续实验直到你用手投一个阴影，输入寄存器的值可靠地变为 0 为止。

```
' Robotics with the Boe-Bot - TestPhotoresistorDividers.bs2
' Display what the I/O pins connected to the photoresistor
' voltage dividers sense.
' {$STAMP BS2}
' {$PBASIC 2.5}
DEBUG "PHOTORESISTOR STATES", CR,
"Left Right", CR,
"------- --------"
DO
DEBUG CRSRXY, 0, 3,
"P6 = ", BIN1 IN6,
" P3 = ", BIN1 IN3
PAUSE 100
LOOP
```

光敏电阻分压器排错

一般性检查：

- 检查你的接线和程序。
- 确保每个元件牢固地插在插座里。
- 检查你的电阻颜色。连接 Vss 和光敏电阻的电阻值是 2kΩ（红-黑-红）。连接 P6 和 P3 到光敏电阻的电阻值是 220Ω（红-红-棕）。

如果无论你是否投一个阴影，输入寄存器的 IN3 或 IN6 的值为 0：

- 如果房间微暗，建议增加灯的亮度。也可以把 2kΩ 电阻换成 4.7kΩ 电阻（黄-紫-红）。这将使电阻在较低光亮环境下分得高的电压。在光线相当暗的情况下，可以用 10kΩ 电阻（棕-黑-红）。

如果无论你是否投一个阴影，输入寄存器的 IN3 或 IN6 的值为 0：

- 如果相当亮，必须把手捂住光敏电阻的采光面来让寄存器从 1 变为 0，可以用低阻值的电阻替代 2kΩ电阻，也可以试试 1kΩ电阻（棕-黑-红），如果在室外则试试 470Ω 电阻（黄一紫一棕）。

该你了——不同的电压分压器实验

依据机器人周围的环境，选用较大或较小的电阻代替 2kΩ 的电阻可能会提高阴影探测器的性能。

- 记住，每次修改电路时应断开连接教学底板的电源。
- 试着用收集的电阻 470Ω、1kΩ、4.7kΩ、10kΩ 来代替 2kΩ 的电阻。
- 用程序 TestPhotoresistorDividers.bs2 测试每个电压分压器的组合，决定哪个电阻最适合周围的环境，最好的组合是既不会过度敏感，又不需要用手捂住光敏电阻。
- 在下面两个任务中使用你觉得工作最好的电阻组合。

任务 2：行走和躲避阴影

由于光敏电阻分压器的表现类似于前面的胡须，因而只需对程序 RoamingWithWhiskers.bs2 做少许修改就可以使其适用于光敏电阻分压器。

修改程序 RoamingWithWhiskers.bs2 使其适用于光敏电阻分压器。

你所要做的是调整 IF…THEN 声明使其监测 IN6 和 IN3，而不是 IN7 和 IN5。图 6.5 示范了怎样修改。

```
' From RoamingWithWhiskers.bs2
IF (IN5 = 0) AND (IN7 = 0) THEN
GOSUB Back_Up
GOSUB Turn_Left
GOSUB Turn_Left
ELSEIF (IN5 = 0) THEN
GOSUB Back_Up
GOSUB Turn_Right
ELSEIF (IN7 = 0) THEN
GOSUB Back_Up
GOSUB Turn_Left
ELSE
GOSUB Forward_Pulse
ENDIF
```

```
' Modified for
' RoamingWithPhotoresistor
' Dividers.bs2
IF (IN6 = 0) AND (IN3=0) THEN
GOSUB Back_Up
GOSUB Turn_Left
GOSUB Turn_Left
ELSEIF (IN6 = 0) THEN
GOSUB Back_Up
GOSUB Turn_Right
ELSEIF (IN3 = 0) THEN
GOSUB Back_Up
GOSUB Turn_Left
ELSE
GOSUB Forward_Pulse
ENDIF
```

图 6.5　更改程序 RoamingWithWhiskers.bs2 使其适用于光敏电阻分压器

例程：RoamingWithPhotoresistorDividers.bs2

- 打开程序 RoamingWithWhiskers.bs2，另存为 RoamingWithPhotoresistorDividers.bs2.
- 按如图 6.5 所示做修改。
- 重新打开教学底板和伺服电机的电源。
- 运行并测试程序。
- 验证当用手在光敏电阻上投一个阴影时，机器人是否避开阴影。试验无阴影，遮住右边的光敏电阻（连接 P3 的电路），遮住左边的光敏电阻（连接 P6 的电路），同时遮住两个光敏电阻。
- 修改注释部分，如名称、胡须触动等，使注释符合光敏电阻分压器的行为。修改完成后，这些注释应该与下面的程序类似。

```
' -----[ Title ]-----------------------------------------------------------
' Robotics with the Boe-Bot - RoamingWithPhotoresistorDividers.bs2
' Boe-Bot detects shadows photoresistors voltage divider circuit and turns
' away from them.
' {$STAMP BS2} ' Stamp directive.
' {$PBASIC 2.5} ' PBASIC directive.
DEBUG "Program Running!"
' -----[ Variables ]-------------------------------------------------------
pulseCount VAR Byte ' FOR...NEXT loop counter.
' -----[ Initialization ]--------------------------------------------------
FREQOUT 4, 2000, 3000 ' Start/restart signal.
' -----[ Main Routine ]----------------------------------------------------
DO
IF (IN6 = 0) AND (IN3 = 0) THEN ' Both photoresistors detects
GOSUB Back_Up ' shadow, back up & U-turn
GOSUB Turn_Left ' (left twice).
GOSUB Turn_Left
ELSEIF (IN6 = 0) THEN ' Left photoresistor detects
GOSUB Back_Up ' shadow, back up & turn right.
GOSUB Turn_Right
ELSEIF (IN3 = 0) THEN ' Right photoresistor detects
GOSUB Back_Up ' shadow, back up & turn left.
GOSUB Turn_Left
ELSE ' Neither photoresistor detects
GOSUB Forward_Pulse ' shadow, apply a forward pulse.
ENDIF
```

```
LOOP
' -----[ Subroutines ]-----------------------------------------------------
Forward_Pulse: ' Send a single forward pulse.
PULSOUT 12,650
PULSOUT 13,850
PAUSE 20
RETURN
Turn_Left: ' Left turn, about 90-degrees.
FOR pulseCount = 0 TO 20
PULSOUT 12, 650
PULSOUT 13, 650
PAUSE 20
NEXT
RETURN
Turn_Right:
FOR pulseCount = 0 TO 20 ' Right turn, about 90-degrees.
PULSOUT 12, 850
PULSOUT 13, 850
PAUSE 20
NEXT
RETURN
Back_Up: ' Back up.
FOR pulseCount = 0 TO 40
PULSOUT 12, 850
PULSOUT 13, 650
PAUSE 20
NEXT
RETURN
```

该你了——提高性能

可以通过一些子程序调用来提高机器人的性能。这些子程序帮助机器人在遇到障碍物时后退并躲避障碍物。图 6.6 是当两个光敏电阻都探测到阴影时，IF...THEN 声明中两个 Turn_Left 子程序调用被注释的例子。当只有一个光敏电阻探测到阴影时，Back_Up 子程序调用被注释，使机器人仅以旋转来响应探测到的阴影。

- 修改程序 RoamingWithPhotoresistorDividers.bs2，如图 6.6 右图所示。
- 运行程序并比较性能。

```
' Excerpt from
' RoamingWithPhotoresistor
' Dividers.bs2
IF (IN6 = 0) AND (IN3 = 0) THEN
GOSUB Back_Up
GOSUB Turn_Left
GOSUB Turn_Left
ELSEIF (IN6 = 0) THEN
GOSUB Back_Up
GOSUB Turn_Right
ELSEIF (IN3 = 0) THEN
GOSUB Back_Up
GOSUB Turn_Left
ELSE
GOSUB Forward_Pulse
ENDIF
```

```
' Modified excerpt from
' RoamingWithPhotoresistor
' Dividers.bs2
IF (IN6 = 0) AND (IN3 = 0) THEN
GOSUB Back_Up
' GOSUB Turn_Left
' GOSUB Turn_Left
ELSEIF (IN6 = 0) THEN
' GOSUB Back_Up
GOSUB Turn_Right
ELSEIF (IN3 = 0) THEN
' GOSUB Back_Up
GOSUB Turn_Left
ELSE
GOSUB Forward_Pulse
ENDIF
```

图 6.6　更改程序 RoamingWithPhotoresistorDividers.bs2

任务 3：更易于响应阴影控制的机器人

通过去掉导航子程序中的 FOR…NEXT 循环，可以使机器人响应更迅速。这对触须导航来说是不可能的，因为机器人已经接触到物体，在转向之前必须后退。当用阴影来引导机器人时，无论机器人向前移动还是做其他动作，它都会在每个脉冲之间探测是否仍有阴影。

简单的阴影控制机器人

一个有趣的远程控制机器人的方法是让机器人处在正常的光亮环境中，然后让它跟随你在光敏电阻上方制造的阴影行走，这是引导机器人运动的一种简便方法。

例程：ShadowGuidedBoeBot.bs2

当运行下面的程序时，如果没有阴影遮住光敏电阻，机器人会静止不动；当同时遮住两个光敏电阻时，机器人会向前移动；当只遮住一个光敏电阻时，机器人会向探测到阴影的光敏电阻一侧转动。

● 输入、保存并运行程序 ShadowGuidedBoeBot.bs2。

- 用手投阴影到光敏电阻上。
- 仔细研究这个程序，充分理解程序是怎样工作的。它很简单，但功能非常强大。

```
' Robotics with the Boe-Bot - ShadowGuidedBoeBot.bs2
' Boe-Bot detects shadows cast by your hand and tries to follow them.
' {$STAMP BS2} ' Stamp directive.
' {$PBASIC 2.5} ' PBASIC directive.
DEBUG "Program Running!"
FREQOUT 4, 2000, 3000 ' Start/restart signal.
DO
IF (IN6 = 0) AND (IN3 = 0) THEN ' Both detect shadows, forward.
PULSOUT 13, 850
PULSOUT 12, 650
ELSEIF (IN6 = 0) THEN ' Left detects shadow,
PULSOUT 13, 750 ' pivot left.
PULSOUT 12, 650
ELSEIF (IN3 = 0) THEN ' Right detects shadow,
PULSOUT 13, 850 ' pivot right.
PULSOUT 12, 750
ELSE
PULSOUT 13, 750 ' No shadow, sit still
PULSOUT 12, 750
ENDIF
PAUSE 20 ' Pause between pulses.
LOOP
```

程序 ShadowGuidedBoeBot.bs2 是如何工作的

DO…LOOP 循环中的 IF…THEN 声明判断 4 个可能的阴影条件中的一个：两个都探测到阴影、左侧探测到阴影、右侧探测到阴影、都没探测到阴影。依据探测到的阴影条件，PULSOUT 命令给下面的其中一个动作发出脉冲：向前、右转、左转、静止。无论阴影条件如何，在 DO…LOOP 循环中每次都会发送四组脉冲中的一个。在 IF…THEN 声明之后，记住要执行 PAUSE 20 来保证每对伺服脉冲之间的低电平。

该你了——压缩程序

这个程序不需要 ELSE 条件或后面的两个 PULSOUT 命令。如果没有发送脉冲，机器人会静止不动，就像把 750 赋值给 PULSOUT 指令的参数 Duration 一样。

- 试着删除或注释下面的代码块：

```
ELSE
PULSOUT 13, 750
PULSOUT 12, 750
```

- 运行修改后的程序。
- 你能发现机器人运动的任何不同吗？

任务 4：从光敏电阻得到更多的信息

BASIC Stamp 能够从光敏电阻电路得到仅有的信息是光的强度高于还是低于阈值。本任务将介绍一个不同的电路，BASIC Stamp 能够通过该电路监测并收集足够的信息以确定相对光强。BASIC Stamp 从电路得到的值的范围从小到大，小值表明光比较强，大值表明光比较弱。这就意味着，基于不同光强不用手工替换不同阻值的电阻，只需调整程序来寻找不同范围的值。

电容器介绍

电容器是存储电荷的元器件，它是许多电路的基本元素。电容器存储了多少电荷用法拉（F）来表示，1F 是一个非常大的值，在机器人电路中不实用。本任务中所使用的电容器存储的电荷量是百万分之几法拉。1F 的百万分之一叫做微法，用 μF 表示。这个练习中所使用的电容器存储的电荷是百万分之一法拉的百分之一，即 0.01μF。

如图 6.7 所示是 0.01μF 电容器的电路符号和机器人元件中所用电容器的零件图，电容器上的 103 表示它的值。

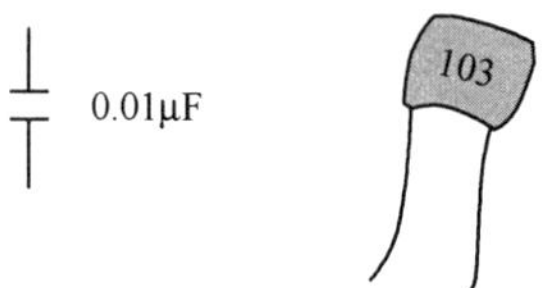

图 6.7　电容器的电路符号和零件图

部件清单：

（1）光敏电阻（CDS）。

（2）0.01μF（103）电容器。

（3）220Ω电阻（红-红-棕）。

（4）跳线。

重新搭建感光眼电路

BASIC Stamp 能够用来决定光强度的电路叫做阻容电路（RC），如图 6.8 所示是机器人的 RC 光敏探测电路原理图，图 6.9 是教学底板接线图。

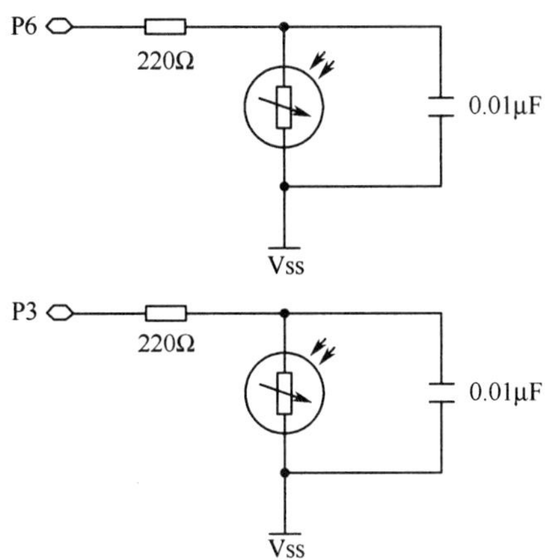

图 6.8　两个光敏 RC 电路示意图

- 断开连接教学底板和伺服电机的电源。
- 参考图 6.9，搭建如图 6.8 所示的 RC 电路。

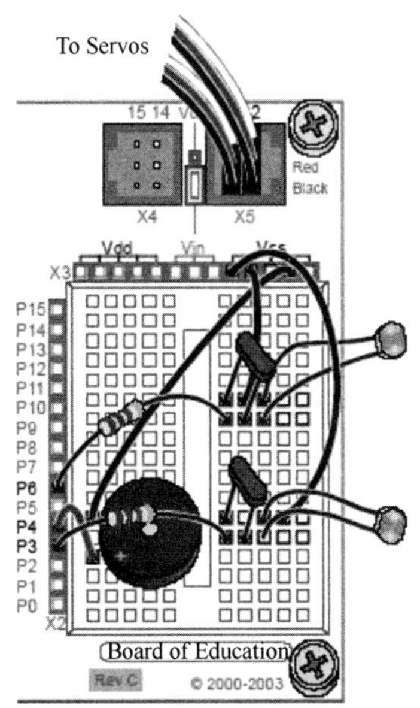

图 6.9　光敏电阻电路的接线图

RC 衰减时间和光敏电阻电路

把如图 6.10 所示电路中的电容看成一个微小的可充电电池。当 P6 发送一个高电平信号时，实质上是用 5V 加在电容上给它充电。几毫秒后，电容的电压几乎达到 5V。如果 BASIC Stamp 程序改变 I/O 端口使其仅监测电压，则电容就通过光敏电阻放电。由于电容通过光敏电阻放电，电压衰减，所以随着电荷流失，电压越来越低。IN6 检测到电压降到 1.4V 所用的时间取决于光敏电阻阻止电容提供的电流流动能力大小。如果由于外界光线比较弱，光敏电阻的阻抗值大，则电容需要更长的时间放电。如果外界光线非常强，光敏电阻的阻抗值小，那么它阻止电流的能力就很弱，电容会很快失去电荷。

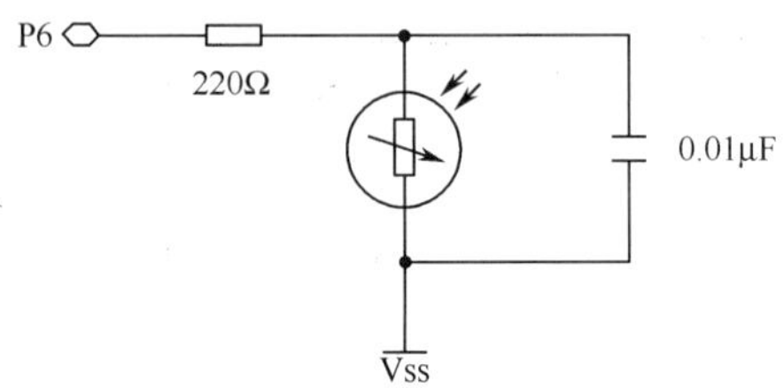

图 6.10　连接到 I/O 端口的 RC 电路

用 BASIC Stamp 测量 RC 衰减时间

可以编程使 BASIC Stamp 给电容充电，然后测量电容的电压衰减到 1.4V 所用的时间。测量到的衰减时间可以用来表征光敏电阻的阻值。阻值反过来又表示光敏电阻探测到的光的强弱。这个测量需要联合 HIGH 命令和 PAUSE 命令及一条新命令 RCTIME。RCTIME 命令用来测量类似如图 6.10 所示的电路的 RC 衰减时间，下面是此命令的语法：

```
RCTIME Pin, State, Duration
```

参数 Pin 是要测量的 I/O 端口值。例如，如果要测量 P6，则参数 Pin 应该是 6。参数 State 可以是 1 也可以是 0。如果电容两端的电压从高于 1.4V 向下衰减，那么参数 State 应是 1；如果电容两端的电压从小于 1.4V 向上增加，则参数 State 应是 0。如图 6.10 所示的电路中，电容两端的电压从接近 5V 衰减到 1.4V，因而参数 State 应该是 1。Duration 是存储测量的时间的变量，其单位是 2μs。在下一个例子中，将测量连接到 P6 的光敏电阻电路的 RC 衰减时间，这只光敏电阻在机器人左侧。

测量 RC 衰减时间之前，要做的第一件事是确保已经定义一个存储测量时间的变量。

```
timeLeft VAR Word
```

下面三行代码用于给电容充电，测量 RC 衰减时间并存储在 timeLeft 变量中。

```
HIGH 6
PAUSE 3
RCTIME 6,1,timeLeft
```

代码执行分下面三步：

- 连接电路到 5V 给电容充电。
- 在 RC 电路中，用 PAUSE 命令给 HIGH 命令足够的时间为电容充电。
- 执行 RCTIME 命令，它设置 I/O 端口为输入，测量衰减时间并存储在 timeLeft 变量中。

例程：TestP6Photoresistor.bs2

- 打开教学底板的电源。
- 输入、保存并运行程序 TestP6Photoresistor.bs2。
- 投一个阴影在连接到 P6 的光敏电阻上，验证随着外界光线逐渐变暗，时间是否增大。
- 将光敏电阻的采光面指向一个光源或用手电筒照射它，测量的时间应该非常小。当逐渐将光敏电阻的采光面偏离光源，测量值会增大。如果投一个阴影或关掉光源，则测量值会更大。

```
' Robotics with the Boe-Bot - TestP6Photoresistor.bs2
' Test Boe-Bot photoresistor circuit connected to P6 and display
' the decay time.
' {$STAMP BS2} ' Stamp directive.
' {$PBASIC 2.5} ' PBASIC directive.
timeLeft VAR Word
DO
HIGH 6
PAUSE 2
RCTIME 6,1,timeLeft
DEBUG HOME, "timeLeft = ", DEC5 timeLeft
PAUSE 100
LOOP
```

该你了

- 将程序 TestP6Photoresistor.bs2 另存为 TestP3Photoresistor.bs2。
- 修改程序，测量机器人右边的光敏电阻，即连接到 P3 的光敏电阻的 RC 衰减时间。
- 用 P3 的 RC 电路重复上面的阴影和强光测试，验证其工作是否正常。需要将 HIGH 命令和 RCTIME 命令的参数 Pin 由 6 改为 3。

任务 5：手电筒光束引导机器人

在本任务中将测试和校正机器人的光传感器，使它能够识别环境光和手电筒光束。编程使机器人跟随指向它前方的手电筒光束行走。

附加设备

（1）手电筒。调节传感器寻找手电筒光束。

如果光敏电阻的采光面指向机器人前面 5.1cm 处，本任务会完成得最好。

- 如图 6.11 所示，将光敏电阻的采光面调整指向机器人前面 5.1cm 处。

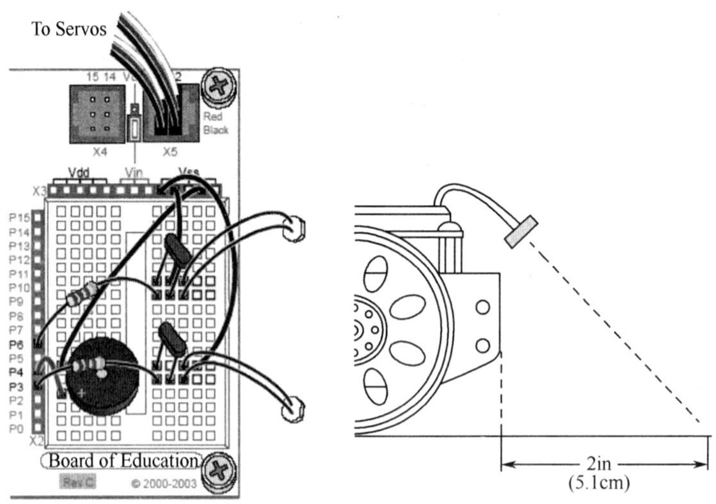

图 6.11　光敏电阻的指向

测试传感器对手电筒光束的响应

编程使机器人朝着手电筒光束运动之前，必须知道机器人前方有无手电筒光束，以及对应的机器人光敏电阻输出的时间区别。

例程：TestBothPhotoresistors.bs2

- 输入、保存并运行程序 TestBothPhotoresistors.bs2。
- 将机器人放置在地面上，跟随手电筒光源行走，确保机器人和串口电缆连接可靠，并且测量结果显示在调试终端里。
- 在表 6-1 第一行里记录测量的时间值。

- 打开手电筒，将光束聚焦在机器人前方。
- 此时测量的时间值应该明显低于第一次设置的值。在表 6-1 第二行里记录测量的时间值。

表 6-1　有无手电筒光束的时间测量值

左侧测量值	右侧测量值	描　述
		没有手电筒光源的时间测量值（环境光）
		机器人正前方有手电筒光源的时间测量值

```
' Robotics with the Boe-Bot - TestBothPhotoresistors.bs2
' Test Boe-Bot RC photoresistor circuits.
' {$STAMP BS2} ' Stamp directive.
' {$PBASIC 2.5} ' PBASIC directive.
timeLeft VAR Word ' Variable declarations.
timeRight VAR Word
DEBUG "PHOTORESISTOR VALUES", CR, ' Initialization.
"timeLeft timeRight", CR,
"-------- ---------"
DO ' Main routine.
HIGH 6 ' Left RC time measurement.
PAUSE 3
RCTIME 6,1,timeLeft
HIGH 3 ' Right RC time measurement.
PAUSE 3
RCTIME 3,1,timeRight
DEBUG CRSRXY, 0, 3, ' Display measurements.
DEC5 timeLeft,
" ",
DEC5 timeRight
PAUSE 100
LOOP
```

该你了

- 试着让机器人面朝不同的方向，重复上述的测量。
- 要取得更好的结果，可以将有无手电筒光束所测得的结果取平均值，替代表 6-1 中的结果。

跟随手电筒光束

在此之前，已经使用了变量声明。例如，counter VAR Nib 在 BASIC Stamp 的 RAM 中分配给 counter 一个特殊的内存位置。当定义了这个变量之后，每次在 PBASIC 程序中使用它时，都是使用了 BASIC Stamp 的 RAM 中该特殊位置所存储的值。

也可以声明常量。换句话说，如果计划在程序中使用一个常数，可以给它一个有用的名字。不是用 VAR，而是用 CON 来声明常量，下面是以后例程中要用到的一些 CON 指令：

```
LeftAmbient    CON 108
RightAmbient   CON 114
LeftBright     CON 20
RightBright    CON 22
```

现在，程序在任何地方使用 LeftAmbient，BASIC Stamp 将会使用 108 来代替；使用 RightAmbient，BASIC Stamp 就会使用 114 来代替；同样的，无论 LeftBright 出现在程序的哪个地方，它的实际值都是 20；RightBright 的实际值都是 22。在实际运行程序之前，必须用表 6-1 测得的值代替上述值。

常量也可被用来计算其他的常量。这里是有关两个常量的例子，它们是 LeftThreshold 和 RightThreshold，是由刚才所说的 4 个常量计算而来的。LeftThreshold 和 RightThreshold 在程序中用来计算手电筒光束是否被探测到。

```
' Average Scale factor
LeftThreshold CON LeftBright + LeftAmbient / 2 * 5 / 8
RightThreshold CON RightBright + RightAmbient / 2 * 5 / 8
```

这些常量所进行的数学计算首先是取平均值，然后乘以一个比例因子。LeftThreshold 的值是 LeftBright 与 LeftAmbient 的和除以 2，将得到的结果再乘以 5 并除以 8。意思是，LeftThreshold 是一个常量，它的值是 LeftBright 和 LeftAmbient 的平均值的 5/8。

例程：FlashlightControlledBoeBot.bs2

- 输入程序 FlashlightControlledBoeBot.bs2 到 BASIC Stamp 编辑器。
- 用表 6-1 中没有手电筒光束的 timeLeft 测量值代替 LeftAmbient CON 指令中的 108。
- 用没有手电筒光束的 timeRight 测量值代替 RightAmbient CON 指令中的 114。
- 用有手电筒光束的 timeLeft 测量值代替 LeftBright CON 指令中的 20。
- 用有手电筒光束的 timeRight 测量值代替 RightBright CON 指令中的 22。
- 打开教学底板和伺服电机的电源。
- 保存然后运行程序 FlashlightControlledBoeBot.bs2。

- 试验并计算将光束聚集在哪里可以使机器人向前走、左转、右转。
- 用光束引导机器人穿过不同的障碍物。

```
' -----[ Title ]---------------------------------------------------
' Robotics with the Boe-Bot - FlashlightControlledBoeBot.bs2
' Boe-Bot follows flashlight beam focused in front of it.
' {$STAMP BS2} ' Stamp directive.
' {$PBASIC 2.5} ' PBASIC directive.
DEBUG "Program Running!"
' -----[ Constants ]-----------------------------------------------
' REPLACE THESE VALUES WITH THE VALUES YOU DETERMINED AND ENTERED INTO
' TABLE 6.1.
LeftAmbient CON 108
RightAmbient CON 114
LeftBright CON 20
RightBright CON 22
' Average Scale factor
LeftThreshold CON LeftBright + LeftAmbient / 2 * 5 / 8
RightThreshold CON RightBright + RightAmbient / 2 * 5 / 8
' -----[ Variables ]-----------------------------------------------
' Declare variables for storing measured RC times of the
' left & right photoresistors.
timeLeft VAR Word
timeRight VAR Word
' -----[ Initialization ]------------------------------------------
FREQOUT
' -----[ Main Routine ]--------------------------------------------
DO
GOSUB Test_Photoresistors
GOSUB Navigate
LOOP
' -----[ Subroutine - Test_Photoresistors ]-------------------------
Test_Photoresistors:
HIGH 6 ' Left RC time measurement.
PAUSE 3
RCTIME 6,1,timeLeft
HIGH 3 ' Right RC time measurement.
PAUSE 3
RCTIME 3,1,timeRight
```

```
RETURN
' -----[ Subroutine Navigate ]--------------------------------------
Navigate:
IF (timeLeft < LeftThreshold) AND (timeRight < RightThreshold) THEN
PULSOUT 13, 850 ' Both detect flashlight beam,
PULSOUT 12, 650 ' full speed forward.
ELSEIF (timeLeft < LeftThreshold) THEN ' Left detects flashlight beam,
PULSOUT 13, 700 ' pivot left.
PULSOUT 12, 700
ELSEIF (timeRight < RightThreshold) THEN ' Right detects flashlight beam,
PULSOUT 13, 800 ' pivot right.
PULSOUT 12, 800
ELSE
PULSOUT 13, 750 ' No flashlight beam, sit still.
PULSOUT 12, 750
ENDIF
PAUSE 20 ' Pause between pulses.
RETURN
```

程序 FlashlightControlledBoeBot.bs2 是如何工作的

下面是使用表 6-1 中的值声明的 4 个常量。

```
LeftAmbient CON 108
RightAmbient CON 114
LeftBright CON 20
RightBright CON 22
```

现在这 4 个常量已经被声明，下面两行取平均值并乘以一个比例系数得到了程序所需的阈值，可以比较阈值、timeLeft 和 timeRight 的测量值来判断光敏电阻感应的是环境光还是聚焦光束。

```
'Average Scale
LeftThreshold CON LeftBright + LeftAmbient / 2 * 5 / 8
RightThreshold CON RightBright + RightAmbient / 2 * 5 / 8
```

下面这些变量用来存储 RCTIME 测量结果。

```
timeLeft VAR Word
timeRight VAR Word
```

这是本文中许多程序都要用到的复位指示器。

```
FREQOUT 4, 2000, 3000
```

主程序中包含两个子程序调用。所有的实际工作都集中在两个子程序上，子程序 Test_Photoresistors 对两个 RC 光敏电阻电路进行 RCTIME 测量，Navigate 判断并发送伺服电机控制脉冲。

```
DO
GOSUB Test_Photoresistors
GOSUB Navigate
LOOP
```

这是对两个光敏电阻电路进行 RCTIME 测量的子程序，左侧电路的测量结果存储在 timeLeft 变量中，右侧电路的测量结果存储在 timeRight 变量中。

```
Test_Photoresistors:
HIGH 6
PAUSE 3
RCTIME 6,1,timeLeft
HIGH 3
PAUSE 3
RCTIME 3,1,timeRight
RETURN
```

Navigate 子程序使用 IF…THEN 声明来比较变量 timeLeft 和常量 LeftThreshold，以及变量 timeRight 和常量 RightThreshold。记住，当 RCTIME 测量值小时，意味着探测到强光；当此值大时，意味着光不强。因此，当存储 RCTIME 测量结果的变量小于阈值时，意味着探测到手电筒光束；否则，没有探测到手电筒光束。根据子程序探测到的情况，正确的导航脉冲被发出，接着是 PAUSE 命令，然后是 RETURN 命令退出子程序。

```
Navigate:
IF(timeLeft<LeftThreshold)AND(timeRight<RightThreshold) THEN
PULSOUT 13, 850
PULSOUT 12, 650
ELSEIF (timeLeft < LeftThreshold) THEN
PULSOUT 13, 700
PULSOUT 12, 700
ELSEIF (timeRight < RightThreshold) THEN
PULSOUT 13, 800
```

```
PULSOUT 12, 800
ELSE
PULSOUT 13, 750
PULSOUT 12, 750
ENDIF
PAUSE 20
RETURN
```

该你了——调节机器人性能和改变运动状态

可以通过调整常量声明中的比例系数来调节程序的性能。

```
'Average Scale factor
LeftThreshold CON LeftBright + LeftAmbient / 2 * 5 / 8
RightThreshold CON RightBright + RightAmbient / 2 * 5 / 8
```

如果将比例系数由 5/8 改成 1/2，则机器人对光束的敏感程度会降低，这可能会改善对手电筒光束的反应。

- 试用不同的比例系数，如 1/4、1/2、1/3、2/3、3/4 等，注意机器人对手电筒光的任何不同反应。

修改例程中的 IF…THEN 声明，可以改变机器人的行动，使其试图避开进入视觉范围的光线。

- 修改 IF…THEN 声明，当机器人两侧的光敏电阻都检测到手电筒光束时，它向后退；当机器人一侧的光敏电阻检测到手电筒光束时，它转向另一侧。

任务 6：向光源移动

本任务中的例子可以引导机器人从相当黑的屋子里退出并朝着有亮光进入的门口移动。也可以通过用手在光敏电阻上面投一个阴影对机器人行走进行更好的控制。

重新调节光敏电阻

如果光敏电阻的聚光表面向上并向外，则本任务的试验效果最好。

- 将光敏电阻的聚光表面向上并向外，如图 6.12 所示。

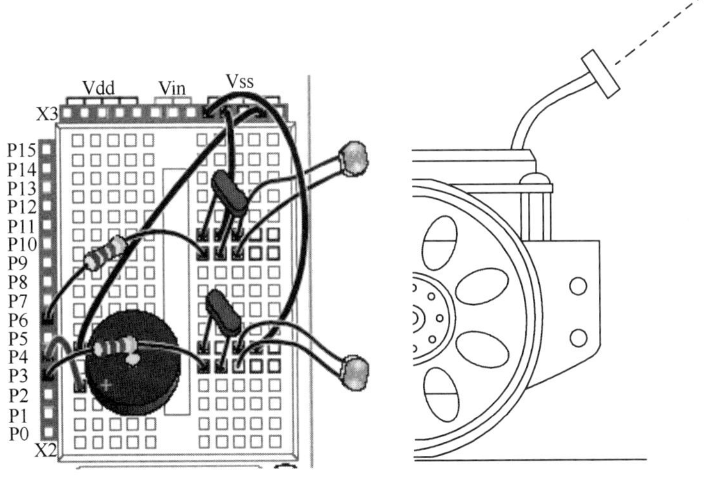

图 6.12　光敏电阻的方向

编写向亮光移动的程序

向亮光移动的关键是当两侧光敏电阻的测量结果差别小时，向前直走；当两侧光敏电阻的测量结果差别大时，转向测量值小的一侧。简言之，机器人会朝着更亮的地方转动。

最初看起来这是一个足够简单的编程任务，下面例子的 IF…THEN 判断语句应该正常工作。但问题是，小车不会向前移动，因为它不断地左转然后右转，这是因为 timeLeft 和 timeRight 的变化很大。每次机器人转动一点，变量 timeRight 和 timeLeft 会变化很多，以至于机器人试图去更正并向回走，它永远不会得到向前走的脉冲信号。

```
IF (timeLeft > timeRight) THEN ' Turn right.
PULSOUT 13, 850
PULSOUT 12, 850
ELSEIF (timeRight > timeLeft) THEN ' Turn left.
PULSOUT 13, 650
PULSOUT 12, 650
ELSE ' Go forward.
PULSOUT 13, 850
PULSOUT 12, 650
ENDIF
```

下面是另一个工作稍好的代码块。它对来回转弯的条件进行了修改。在机器人使用左转脉冲之前，变量 timeLeft 必须比变量 timeRight 大 15。同样，当机器人调整向右之前，变量 timeRight 必须比变量 timeLeft 大 15。这就使机器人在特定的光线条件下，在转弯之前有机会使用足够多的向前脉冲。

```
IF (timeLeft > timeRight + 15) THEN ' Turn right.
PULSOUT 13, 850
PULSOUT 12, 850
ELSEIF (timeRight > timeLeft + 15) THEN ' Turn left.
PULSOUT 13, 650
PULSOUT 12, 650
ELSE ' Go forward.
PULSOUT 13, 850
PULSOUT 12, 650
ENDIF
```

上面代码块的问题是它只能工作在中等黑暗的环境下。如果将它拿到相当暗的地方，机器人会不断的来回旋转，永远不会向前行走。如果将它拿到更亮的地方，那么机器人只会向前运动，而不会调整向左或向右的方向。

为什么会这样呢？

答案是，当机器人处在房子的黑暗部分时，每个光敏电阻的测量值都较大。机器人决定转向亮光源时，两个光敏电阻测量结果之间的差别也会较大；当机器人处在更亮一点的地方时，每个光敏电阻的测量值都较小，两个光敏电阻的测量结果之差也较小。要让机器人在较亮的地方决定做一个转动，两个光敏电阻的测量结果的差值要比在黑暗的地方的测量结果差值小。为了弥补机器人在不同的光线条件下差值的不同，就要将两个测量结果的差值设计成一个变量，让这个变量等于 timeRight 和 timeLeft 的平均值再除以 6 所得的整数。这样，无论外界光线强弱，这个差值总是比较适当的。

```
average = timeRight + timeLeft / 2
difference = average / 6
```

现在，变量 difference 可以被用在 IF…THEN 声明中。当光线弱时，它的值大；当光线强时，它的值小。

```
IF (timeLeft > timeRight + difference) THEN ' Turn right.
PULSOUT 13, 850
PULSOUT 12, 850
ELSEIF (timeRight > timeLeft + difference) THEN ' Turn left.
PULSOUT 13, 650
PULSOUT 12, 650
ELSE ' Go forward.
PULSOUT 13, 850
PULSOUT 12, 650
ENDIF
```

例程：RoamingTowardTheLight.bs2

与程序 RoamingWithPhotoresistorDividers.bs2 不同，无论外界光线是强还是弱，这个程序都将对用手在光敏电阻上投的阴影非常敏感。这个程序不需要根据外界光线情况改变电阻，相反，它会计算光的强弱并在软件中使用变量 average 和 difference 调节灵敏度。此程序测量 timeLeft 和 timeRight 的平均值，并用平均值来设置 difference 的值，使它在 timeLeft 和 timeRight 的测量结果之间。这个值用来判断是否发送一个转弯脉冲。

- 输入、保存并运行程序 RoamingTowardTheLight.bs2。
- 将机器人放在不同的地方让它移动，验证无论光的强度如何，都可以通过用手在 RC 电路的一个光敏电阻上投一个阴影来改变其运动轨迹。
- 试着将机器人放在光线很暗的屋子里，但是有光线通过门从邻近很亮的屋子或走廊射进来，看机器人是否可以成功走出屋子。

```
' -----[ Title ]-----------------------------------------------------
' Robotics with the Boe-Bot - RoamingTowardTheLight.bs2
' Boe-Bot roams, and turns away from dark areas in favor of brighter areas.
' {$STAMP BS2} ' Stamp directive.
' {$PBASIC 2.5} ' PBASIC directive.
DEBUG "Program Running!"
' -----[ Variables ]-------------------------------------------------
' Declare variables for storing measured RC times of the
' left & right photoresistors.
timeLeft VAR Word
timeRight VAR Word
average VAR Word
difference VAR Word
' -----[ Initialization ]--------------------------------------------
FREQOUT 4, 2000, 3000
' -----[ Main Routine ]----------------------------------------------
DO
GOSUB Test_Photoresistors
' For mismatched photoresistors, use Appendix F, uncomment and use next line.
' timeLeft = (timeLeft */ 351) + 7 ' Replace 351 and 7 with your own values.
GOSUB Average_And_Difference
GOSUB Navigate
LOOP
'--[ Subroutine-Test_Photoresistors ]----------------------------
Test_Photoresistors:
```

```
HIGH 6 ' Left RC time measurement.
PAUSE 3
RCTIME 6,1,timeLeft
HIGH 3 ' Right RC time measurement.
PAUSE 3
RCTIME 3,1,timeRight
RETURN
' -----[ Subroutine - Average_And_Difference ]------------------
Average_And_Difference:
average = timeRight + timeLeft / 2
difference = average / 6
RETURN
' -----[ Subroutine - Navigate ]--------------------------------
Navigate:
' Shadow significantly stronger on left detector, turn right.
IF (timeLeft > timeRight + difference) THEN
PULSOUT 13, 850
PULSOUT 12, 850
' Shadow significantly stronger on right detector, turn left.
ELSEIF (timeRight > timeLeft + difference) THEN
PULSOUT 13, 650
PULSOUT 12, 650
' Shadows in same neighborhood of intensity on both detectors.
ELSE
PULSOUT 13, 850
PULSOUT 12, 650
ENDIF
PAUSE 10
RETURN
```

该你了——调节对不同光的敏感度

现在变量 difference 是用 average 除以 6 得到的。如果想使机器人对光的差别不太敏感，则可以用 average 除以一个小一些的数；如果想使机器人对光的差别更敏感，则用 average 除以一个大一些的数。

- 不用 6 除，试着用 3，4，5，7，9 来除变量 average。
- 运行程序并测试机器人用上面不同值退出黑暗屋子的能力。
- 确定最合适的分母值。

```
Average_And_Difference:
average = timeRight + timeLeft / 2
difference = average / 6
RETURN
```

也可以将分母变为一个常量，如下所示：

```
Denominator CON 6
```

然后，在子程序 Average_And_Difference 中，可以用常量 Denominator 代替 6（或所确定的优化值），如下所示：

```
Average_And_Difference:
average = timeRight + timeLeft / 2
difference = average / Denominator
RETURN
```

- 做刚才所讨论的修改，验证程序是否仍然工作正常。

在这个程序中，可以使用更少的变量。注意，变量 average 被用来临时存储平均值，然后它被 Denominator 除，结果存储在变量 difference 中。变量 difference 在后面可以用到，但变量 average 不会用到。解决这个问题的方法是用变量 difference 代替 average。工作仍然正常，而且也不再需要变量 average。下面是修改后的子程序：

```
Average_And_Difference:
difference = timeRight + timeLeft / 2
difference = difference / Denominator
RETURN
```

还有一个更好的办法。

- 保持程序 Average_And_Difference 如下：

```
Average_And_Difference:
average = timeRight + timeLeft / 2
difference = average / Denominator
RETURN
```

- 在变量声明中做如图 6.13 所示的修改。

这里确实不需要变量 average，但是如果在第一行使用 average，在第二行使用 difference，将会给人造成误解。下面是如何为变量 average 创建一个别名 difference 的代码。

difference VAR average

现在，average 和 difference 指向 RAM 中同样的字变量 RAM。

- 测试修改后的程序，确保工作正常。

```
' Unchanged code
average      VAR Word
difference   VAR Word
```

```
' Changed to save Word of RAM
average      VAR Word
difference   VAR average
```

图 6.13　更改程序 RoamingTowardTheLight.bs2，存储一个字变量到 RAM

工程素质和技能归纳

- 光敏电阻的应用领域和应用方法。
- 用光敏电阻测量光强的原理和方法。
- 用 RC 电路测试光强的方法和手段。
- 相应的软件编程技巧和技能。

第 7 讲　机器人红外线导航

学习情境

人类 70%以上的知识均来自眼睛，也就是人们的视觉系统，尽管人们的眼睛所能见到的光线只占整个光波范围很小的一部分。许多自动化机械设备广泛采用红外线——一种频率低于可见光的不可见光线进行环境的探测或通信。因为这种光线虽然看不见，但很容易获得，而且成本很低。一种最为简单的应用就是许多遥控装置和 PDA 都使用红外线进行信号通信，而机器人则可以使用红外线进行环境探测，从而实现导航。

本讲使用一些价格非常便宜，而且应用很广泛的部件，让 BASIC Stamp 微控制器可以收、发红外光信号，从而实现机器人的红外线导航。

使用红外线发射和接收器件探测道路

如果不用触须接触来探测物体，是不是需要像机器视觉那样复杂的东西呢？答案是否定的。许多机器人使用雷达（RADAR）或声纳（SONAR）来探测物体而不需要同物体接触。一个更简单的方法是使用红外线来照射机器人前进的路线，然后确定是否有红外线从被探测目标反射回来。由于红外遥控技术的发展，现在红外线发射器和接收器已经很普及并且价格便宜。

红外前灯

在机器人上建立的红外线探测物体系统在许多方面就像汽车的前灯系统。当汽车前灯射出的光从障碍物反射回来时，人的眼睛就发现了障碍物，然后通过大脑处理这些信息，并据此控制身体动作驾驶汽车。机器人使用红外线二极管 LED 作为前灯，如图 7.1 所示。它们发射红外线，如果机器人前面有障碍物，则红外线从障碍物反射回来，相当于机器人眼睛的红外线探测（接收）器将检测到反射回来的红外线，并发出信号表明已检测到，机器人的大脑——BASIC Stamp 微控制器据此做出判断并基于这个传感器的输入控制伺服电机。

红外线（IR）接收/探测器有内置的光滤波器，除了需要检测的 980nm 波长的红外线外，它几乎不允许其他光通过。红外线探测器还有一个电子滤波器，它只允许大约 38.5kHz 的电信号通过。换句话说，探测器只寻找每秒闪烁 38 500 次的红外线。这就防止了普通光源，如太阳光和室内光对 IR 的干涉。太阳光是直流干涉（0Hz）源，而室内光依赖于所在区域的主电源，闪烁频率接近 100Hz 或 120Hz。由于 120Hz 在电子滤波器的 38.5kHz 通带频率之外，所以它完全被 IR 探测器忽略。

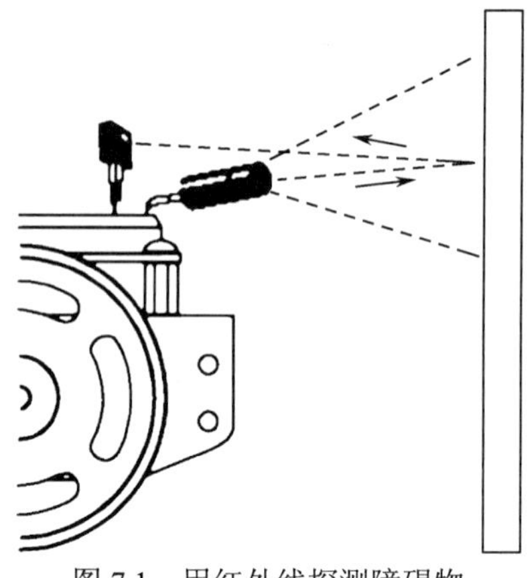

图 7.1　用红外线探测障碍物

任务 1：搭建并测试 IR 发射和探测器电路

本任务将搭建并测试红外线发射和探测器电路。

部件清单（如图 7.2 所示）：

（1）红外线探测器 2 个。

（2）IR LED（已用热缩套管封装，不再需要单独的套管）2 个。

（3）220Ω电阻（红-红-棕）2 个。

（4）1kΩ电阻（棕-黑-红）2 个。

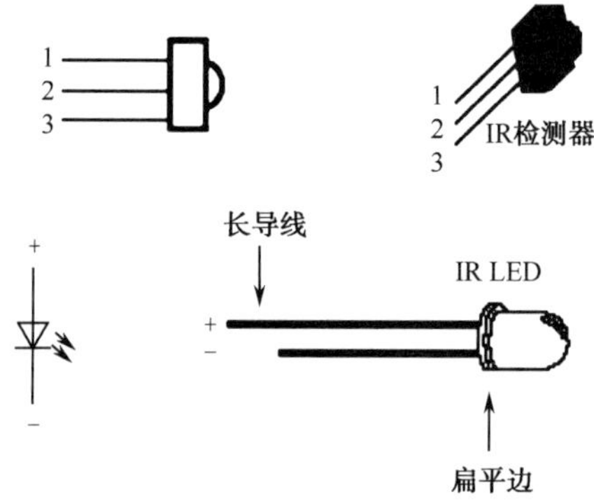

图 7.2　本讲需要用到的部件

根据图 7.3 的红外线发射器和接收器的电路原理图，在教学底板的小面包板靠前的两个角上搭建红外线发射和接收电路对。如图 7.4 所示是相对应的参考接线图。

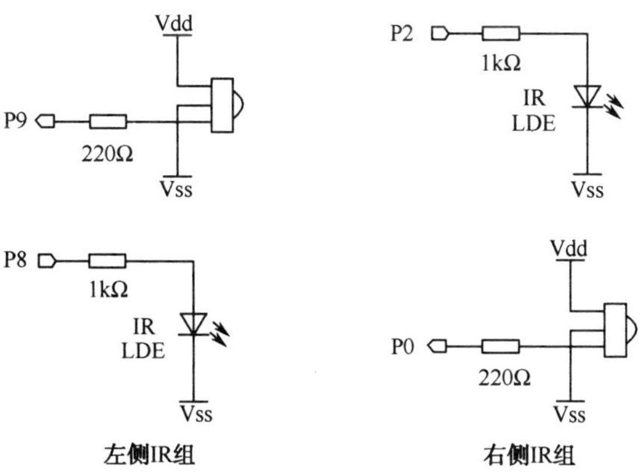

图 7.3　红外线发射器和接收器的电路原理图

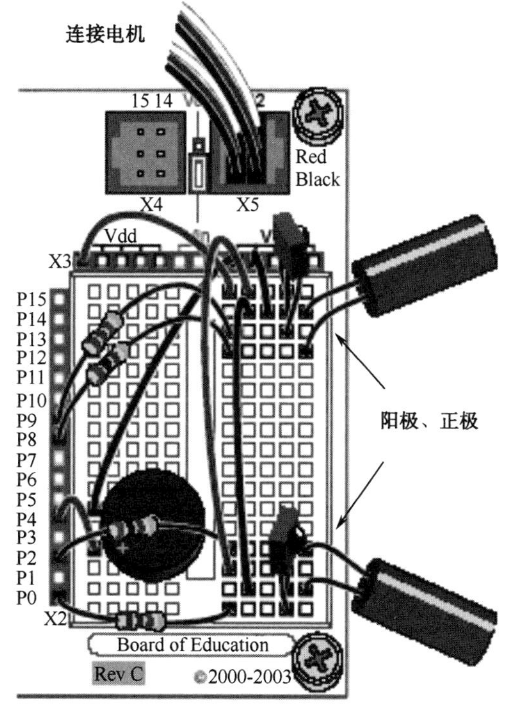

图 7.4　红外线发射和检测电路参考接线图

- 断开教学底板和伺服系统的电源。
- 根据如图 7.3 所示的电路原理图，参考图 7.4 的实际接线图，在你自己的机器人上完成电路搭建。

注意：在搭建电路时要特别注意观察红外线发射器的正、负极的特征，以及接收器 3 个引脚的定义，请参照图 7.2 的说明。接线时，一定不要将器件的正、负极接反。

用 FREQOUT 指令测试红外线探测器

FREQOUT 指令主要用来合成音频，它产生的实际音调范围为 1～32 768Hz，也可以用高于 32 768Hz 的参数 Freq1 直接产生一种高频和声信号。由于人能辨别的音调频率范围是 20Hz～20kHz，因此这些高频和声是听不见的。本任务直接用命令 FREQOUT 8, 1, 38500 向 P8 引脚发送持续 1s 的 38.5kHz 高频和声，使连接到 P8 引脚的红外 LED 电路发送和声频率红外线。如果红外线被机器人路径上的物体反射回来，红外线探测器将给 BASIC Stamp 发送一个信号，让机器人知道已经检测到反射回来的红外线。

让每个红外线发射/探测器组工作的关键就是发送 1ms 频率为 38.5kHz 的和声信号，然后立刻将红外线探测器的输出存储到微控制器内的一个变量中。下面是一个例子，它发送 38.5kHz 信号给连接到 P8 的红外线发射器，然后用位变量 irDetectLeft 存储连接到 P9 的 IR 探测器的输出。

```
FREQOUT 8, 1, 38500
irDetectLeft = IN9
```

当没有红外信号返回时，探测器的输出状态为高。当它探测到被物体反射回来的 38 500Hz 红外和声时，它的输出为低。当 FREQOUT 命令发送持续 1ms 的和声信号后，IR 探测器的输出处于低的状态持续不到 1ms，因此当执行完 FREQOUT 指令后立即将 IR 探测器的输出存储到变量中是很重要的。这些存储的值可以显示在调试终端或被机器人用来导航。

例程：TestLeftIrPair.bs2

- 打开教学底板的电源。
- 输入、保存并运行程序 TestLeftIrPair.bs2。

```
' TestLeftIrPair.bs2
' Test IR object detection circuits, IR LED connected to P8 and detector
' connected to P9.

' {$STAMP BS2}
' {$PBASIC 2.5}

irDetectLeft VAR Bit

DO
```

```
FREQOUT 8, 1, 38500
irDetectLeft = IN9

DEBUG HOME, "irDetectLeft = ", BIN1 irDetectLeft
PAUSE 100
LOOP
```

- 保持机器人与串口电缆的连接，因为要用调试终端来测试红外线发射或接收组。
- 放一个物体，如手或一张纸，距离左侧 IR 组大约 25.4mm，参考图 7.1。
- 验证当放一个物体在 IR 组前时，调试终端是否会显示 0；当将物体移开时，它是否显示 1。
- 如果调试终端显示的是预料的值，没发现物体显示 1，发现物体显示 0，则转到例程后的“该你了”部分。
- 如果调试终端显示的不是预料的值，则按照“排错”里的步骤进行排错。

排错

- 如果调试终端显示的不是预料的值，检查电路和输入的程序。
- 如果总是得到 0，甚至当没有物体在机器人前面时也是 0，则可能是附近的物体反射了红外线。机器人前面的桌面是常见的施作用者。移动机器人，使 IR LED 和探测器不受附近物体的影响。
- 如果机器人前面没有物体时，绝大多数时间读数是 1，但偶尔是 0，这可能是附近的荧光灯产生的干扰。关掉附近的荧光灯，重新测试。

该你了

- 将程序 TestLeftIrPair.bs2 另存为 TestRightIrPair.bs2。
- 更改 DEBUG 命令，使名称和注释适合于右侧的 IR 组。
- 将变量名 irDetectLeft 改为 irDetectRight，程序中有 4 处需要更改。
- 将 FREQOUT 命令的参数 Pin 由 8 改为 2。
- 将变量 irDetectRight 监控的输入寄存器由 IN9 改为 IN0。
- 重复前面的测试步骤。

任务 2：物体检测和红外干涉的实地测试

本任务将搭建并测试 LED 指示器电路，以便后面不需要调试终端的帮助也可以告诉你红外接收器是否检测到物体。如果你在计算机旁边就很方便，可以用它来排除 IR 探测电路的故障。另外，你还需要写一个程序来检查是否有来自荧光灯的红外干涉。许多荧光灯发射的信号类似 IR LED 发射的信号。荧光灯内控制电压的部件叫镇流器。许多镇流器和 IR 探测器工作在相同的频率范围，即 38.5kHz 左右，这会导致荧光灯发射同样频率的信号。所以当你用红外线探测器导航时，这些干扰可能导致机器人产生许多奇怪的行为。

重新搭建 LED 指示电路

这里用到的是和第 5 讲“触觉导航”中用到的同样的 LED 指示器和相应电路，请参考图 5.7。

部件清单：

（1）红色 LED 2 个。

（2）220Ω电阻（红-红-棕）2 个。

- 断开教学底板和伺服系统的电源。
- 参考图 5.7 的电路原理和图 7.5 的接线示意图，在机器人上完成电路搭建。

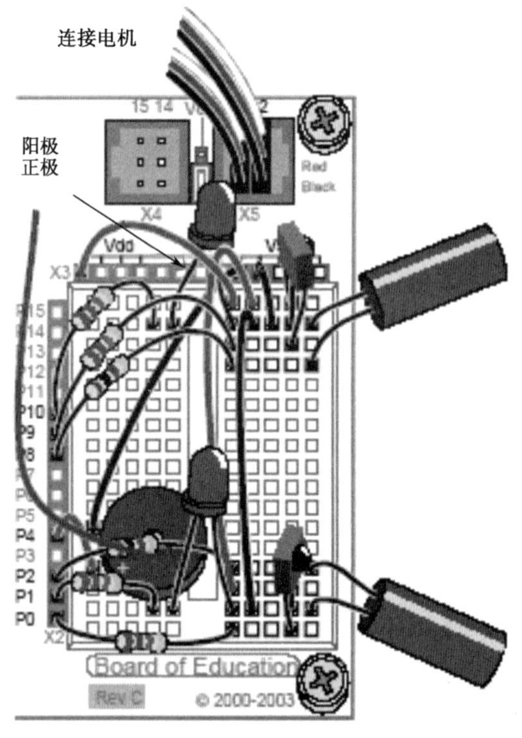

图 7.5　带有 IR 探测电路的 LED 指示器电路接线

测试系统

本系统包括许多元件，这就增加了接线错误的可能性，因此编写一个测试程序很重要。在从机器人上拔掉串口电缆前，可以用这个程序来验证所有的电路是否正常工作。

例程：TestIrPairsAndIndicators.bs2

- 接通教学底板的电源。
- 输入、保存并运行程序 TestIrPairsAndIndicators.bs2。
- 验证当调试终端显示“Testing piezospeaker…”时，扬声器是否发出清晰的声音。
- 用调试终端来验证当放一个物体在探测器前面时，BASIC Stamp 是否仍能收到从每个 IR 探测器发出的信号 0。
- 验证当探测器探测到物体时，每个探测器旁的 LED 是否会发光。如果一个或两个 LED 不能工作，则检查接线和程序。

```
' TestIrPairsAndIndicators.bs2
' Test IR object detection circuits.

' {$STAMP BS2} ' Stamp directive.
' {$PBASIC 2.5} ' PBASIC directive.

' -----[ Variables ]----------------------------------------
irDetectLeft VAR Bit
irDetectRight VAR Bit

' -----[ Initialization ]------------------------------------
DEBUG "Testing piezospeaker..."
FREQOUT 4, 2000, 3000
DEBUG CLS,
"IR DETECTORS", CR,
"Left Right", CR,
"----- -----"

' -----[ Main Routine ]--------------------------------------
DO
FREQOUT 8, 1, 38500
irDetectLeft = IN9
FREQOUT 2, 1, 38500
irDetectRight = IN0
```

```
IF (irDetectLeft = 0) THEN
HIGH 10
ELSE
LOW 10
ENDIF

IF (irDetectRight = 0) THEN
HIGH 1
ELSE
LOW 1
ENDIF

DEBUG CRSRXY, 2, 3, BIN1 irDetectLeft,
CRSRXY, 9, 3, BIN1 irDetectRight

PAUSE 100
LOOP
```

该你了——远程测试和范围测试

将串口电缆从机器人上拔下，现在可以用 LED 指示器检查 IR 探测器是否探测到目标。

- 拔掉连接在机器人上的串口电缆，将其放到几个不同距离和方向的物体前面，以测试 IR 探测器的范围。
- 测试对不同颜色物体的探测范围，看对什么颜色的物体探测的范围最远，对什么颜色的物体探测的范围最近。

探测红外线干扰

如果即使探测范围内没有任何物体，机器人依然指示探测到了物体（即红色 LED 闪烁），则说明附近的灯光正产生频率接近 38.5kHz 的红外光。如果想在这种灯光下进行机器人比赛或演示，红外线探测系统就会失效。为了不让机器人在公开演示时出错，在动手做演示之前，要用这个红外线干涉探测程序仔细检查机器人演示区域是否有红外线干扰。

程序的原理很简单，不用 IR LED 发送任何红外线，只是监控有没有探测到红外线，如果探测到红外线，则用扬声器发出警报。

注意：许多家电的红外遥控器使用的红外线发射器与机器人使用的红外线发射器是一样的，因此可以用这些红外遥控装置发射红外线来模拟红外线干扰源。

例程：IrInterferenceSniffer.bs2

- 输入、保存并运行程序 IrInterferenceSniffer.bs2。
- 测试验证当机器人检测到 IR 干扰时，发出警报声。可以单独用一个机器人来运行程序 TestIrPairsAndIndicators.bs2 以发射干扰红外线。如果没有多余的机器人，就用 TV、VCR、CD/DVD 机或放映机的手持式遥控器对着机器人按一个键。如果机器人发出警报声，就可以知道机器人红外线探测器处于工作状态。

```
' IrInterferenceSniffer.bs2
' Test fluorescent lights, infrared remotes, and other sources
' of 38.5 kHz IR interference.

' {$STAMP BS2} ' Stamp directive.
' {$PBASIC 2.5} ' PBASIC directive.

counter VAR Nib
DEBUG "IR interference not detected, yet...", CR

DO
IF （IN0 = 0）OR （IN9 = 0）THEN
DEBUG "IR Interference detected!!!", CR
FOR counter = 1 TO 5
HIGH 1
HIGH 10
FREQOUT 4, 50, 4000
LOW 1
LOW 10
PAUSE 20
NEXT
ENDIF
LOOP
```

该你了——测试荧光灯干扰

断开机器人和串口电缆的连接，将接收器指向附近的任何荧光灯。如果频繁地听到警报声，则表明存在干扰。因此，在准备使用 IR 物体探测器之前要关掉荧光灯。

任务 3：红外探测距离调整

在环境很黑的时候，亮一些的汽车前灯可以看到更远的物体。如果让机器人的红外前灯更亮，也可以增加它的探测距离。由电路原理可知，在相同的电压下，将更小阻值的电阻与 LED 串接，会使通过 LED 的电流更多，从而使 LED 更亮。本任务将使用不同阻值的电阻来调整 IR LED 的探测距离。

部件清单（本任务需要一些特殊部件）：

（1）470Ω电阻（黄-紫-棕）2 个。

（2）220Ω电阻（红-红-棕）2 个。

（3）2kΩ电阻（红-黑-红）2 个。

（4）4.7kΩ电阻（黄-紫-红）2 个。

串联电阻与 LED 亮度

首先，用一个红色的 LED 来观察电阻使 LED 发光亮度的不同。只需发送一个高电平信号给 LED 就可以进行测试。

例程：P1LedHigh.bs2

- 输入、保存并运行程序 P1LedHigh.bs2。
- 运行程序并验证电路中连接 P1 的 LED 是否发光。

```
' P1LedHigh.bs2
' Set P1 high to test for LED brightness testing with each of
' these resistor values in turn: 220 ohm , 470 ohm, 1 k ohm.

' {$STAMP BS2}
' {$PBASIC 2.5}

DEBUG "Program Running!"
HIGH 1
STOP
```

在这里用 STOP 命令优于 END 命令，因为 END 命令会将 BASIC Stamp 设为低电压模式。

该你了——测试 LED 的亮度

- 观察电路中用 220Ω电阻时，连接到 P1 的 LED 的亮度。
- 用 470Ω电阻代替连接 P1 和右边 LED 阴极的 220Ω电阻。
- 注意观察现在 LED 的亮度。
- 用 2kΩ电阻代替。
- 用 4.7kΩ电阻代替。
- 在做本任务的其他部分之前用 220Ω电阻代替 4.7kΩ电阻。
- 用自己的语言解释 LED 亮度和串联电阻之间的关系。

串联电阻与 IR 探测范围

现在已经知道小的电阻会使 LED 更亮。显然更亮的红外 LED 可能探测到更远的物体。

- 打开并运行程序 TestIrPairsAndIndicators.bs2。
- 验证两个探测器都工作正常。

该你了——测试 IR LED 的范围

- 用 1kΩ的电阻替代原电阻。用一个尺子测量可以探测到离 IR LED 最远的一张纸的距离，在表 7-1 中记录测量数据。
- 用 4.7kΩ的电阻代替连接 P2 和 P8 到 IR LED 阳极的 1kΩ电阻。
- 确定能够探测到同一张纸的最远距离，记录数据。
- 用 2kΩ电阻代替。
- 用 470Ω电阻代替。
- 用 220Ω电阻代替。
- 在进行下一个任务之前，恢复 IR 组到最初的构造（每个 IR LED 连接 1kΩ电阻）。
- 用程序 TestIrPairsAndIndicators.bs2 测试更改后的电路，确保 IR LED 和探测器工作正常。

表 7-1　检测距离与电阻的关系

IR LED 电阻（Ω）	最远检测距离
4700	
2000	
1000	
470	
220	

任务 4：探测和避开障碍物

用 IR 探测器探测和避开障碍物与用触须探测和避开障碍物的策略几乎一样，而且连探测到障碍物时的信号输出也是一样的。因此可以直接更改程序 RoamingWithWhiskers.bs2，使它适用于 IR 探测器。

更改触须探测程序使其适用于红外线探测和避障

下面的例程开始于 RoamingWithWhiskers.bs2。除了需要更改程序名称和注释外，还需要加入两个位变量来存储 IR 探测器的状态。

```
irDetectLeft VAR Bit
irDetectRight VAR Bit
```

可以加入一段小程序来读 IR 组的状态。

```
FREQOUT 8, 1, 38500
irDetectLeft = IN9
```

最后修改 IF...THEN 声明使其检查存储 IR 探测信息的变量，而不是触须的输入信号。

```
IF （irDetectLeft = 0）AND （irDetectRight = 0）THEN
GOSUB Back_Up
GOSUB Turn_Left
GOSUB Turn_Left
ELSEIF （irDetectLeft = 0）THEN
GOSUB Back_Up
GOSUB Turn_Right
ELSEIF （irDetectRight = 0）THEN
```

```
GOSUB Back_Up
GOSUB Turn_Left
ELSE
GOSUB Forward_Pulse
ENDIF
```

例程：RoamingWithIr.bs2

● 打开程序 RoamingWithWhiskers.bs2，另存为 RoamingWithIr.bs2。
● 更改程序使它与下面的程序相同。
● 打开教学底板和伺服电机的电源。
● 保存并运行程序。
● 验证机器人的行为与运行程序 RoamingWithWhiskers.bs2 时的机器人行为是否除了不需要接触外非常相似。

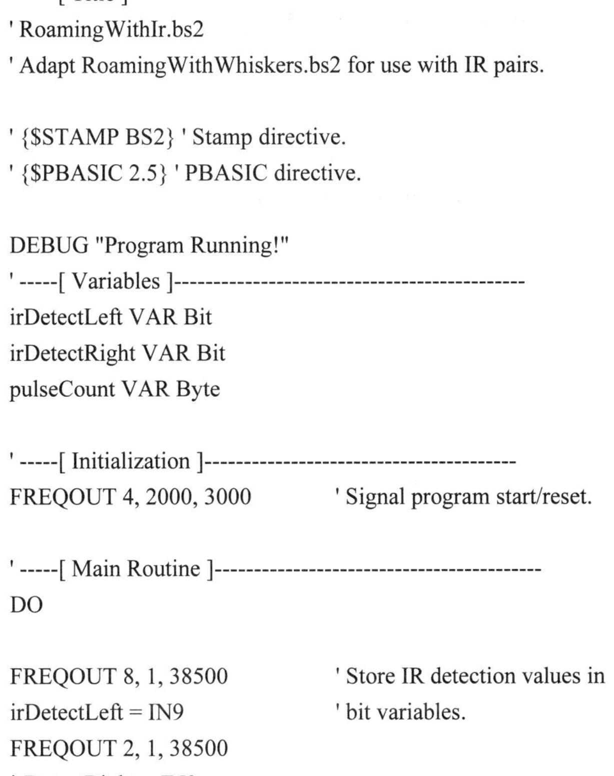

```
' -----[ Title ]-----------------------------------------------
' RoamingWithIr.bs2
' Adapt RoamingWithWhiskers.bs2 for use with IR pairs.

' {$STAMP BS2} ' Stamp directive.
' {$PBASIC 2.5} ' PBASIC directive.

DEBUG "Program Running!"
' -----[ Variables ]-------------------------------------------
irDetectLeft VAR Bit
irDetectRight VAR Bit
pulseCount VAR Byte

' -----[ Initialization ]--------------------------------------
FREQOUT 4, 2000, 3000            ' Signal program start/reset.

' -----[ Main Routine ]----------------------------------------
DO

FREQOUT 8, 1, 38500              ' Store IR detection values in
irDetectLeft = IN9               ' bit variables.
FREQOUT 2, 1, 38500
irDetectRight = IN0
```

```
IF （irDetectLeft = 0）AND （irDetectRight = 0）THEN
GOSUB Back_Up                ' Both IR pairs detect obstacle
GOSUB Turn_Left              ' Back up & U-turn （left twice）
GOSUB Turn_Left
ELSEIF （irDetectLeft = 0）THEN ' Left IR pair detects
GOSUB Back_Up                ' Back up & turn right
GOSUB Turn_Right
ELSEIF （irDetectRight = 0）THEN ' Right IR pair detects
GOSUB Back_Up                ' Back up & turn left
GOSUB Turn_Left
ELSE ' Both IR pairs 1, no detects
GOSUB Forward_Pulse          ' Apply a forward pulse
ENDIF                            ' and check again
LOOP

' -----[ Subroutines ]-------------------------------------------
Forward_Pulse:               ' Send a single forward pulse.
PULSOUT 13,850
PULSOUT 12,650
PAUSE 20
RETURN
Turn_Left:                       ' Left turn, about 90-degrees.
FOR pulseCount = 0 TO 20
PULSOUT 13, 650
PULSOUT 12, 650
PAUSE 20
NEXT
RETURN
Turn_Right:
FOR pulseCount = 0 TO 20 ' Right turn, about 90-degrees.
PULSOUT 13, 850
PULSOUT 12, 850
PAUSE 20
NEXT
RETURN
Back_Up: ' Back up.
FOR pulseCount = 0 TO 40
PULSOUT 13, 650
PULSOUT 12, 850
```

```
PAUSE 20
NEXT
RETURN
```

该你了

● 更改程序 RoamingWithIr.bs2，用子程序检测 IR 组。

任务 5：提高红外导航程序性能

在触须导航里使用预先编好的基本巡航动作程序效果很好，但是在使用红外 LED 和探测器时会造成不必要的动作，如先后退。在发送每组脉冲给电机之前检查障碍物，可以大大提高机器人的漫游性能。程序可以使用传感器输入，为每个时刻的巡航选择最好的动作。这样，机器人就不会走过头，而是会找到绕开障碍物的完美路线，成功地走过复杂的路线。

在每个脉冲之间采样以避免碰撞

探测障碍物很重要的一点是在机器人撞到它之前给机器人留有绕开它的空间。如果前方有障碍物，机器人会使用脉冲命令避开，然后探测。如果物体还在，则再使用另一个脉冲来避开它。机器人能持续使用电机驱动脉冲和探测，直到它绕开障碍物，然后继续发送向前行走的脉冲。试验完下一个例程后，你会认为这对于机器人行走是一个很好的方法。

例程：FastIrRoaming.bs2

● 输入、保存并运行程序 FastIrRoaming.bs2。

```
' FastIrRoaming.bs2
' Higher performance IR object detection assisted navigation

' {$STAMP BS2}
' {$PBASIC 2.5}

DEBUG "Program Running!"
irDetectLeft VAR Bit ' Variable Declarations
irDetectRight VAR Bit
pulseLeft VAR Word
pulseRight VAR Word
```

```
FREQOUT 4, 2000, 3000 ' Signal program start/reset.

DO ' Main Routine

FREQOUT 8, 1, 38500 ' Check IR Detectors
irDetectLeft = IN9
FREQOUT 2, 1, 38500
irDetectRight = IN0

' Decide how to navigate.
IF （irDetectLeft = 0）AND （irDetectRight = 0）THEN
pulseLeft = 650
pulseRight = 850
ELSEIF （irDetectLeft = 0）THEN
pulseLeft = 850
pulseRight = 850
ELSEIF （irDetectRight = 0）THEN
pulseLeft = 650
pulseRight = 650
ELSE
pulseLeft = 850
pulseRight = 650
ENDIF

PULSOUT 13,pulseLeft ' Apply the pulse.
PULSOUT 12,pulseRight
PAUSE 15

LOOP ' Repeat main routine
```

程序 FastIrRoaming.bs2 是如何工作的

这个程序用稍微不同的方法来使用驱动脉冲。除了两个存储 IR 探测器输出的位变量以外，它还使用两个字变量来设置 PULSOUT 指令发送的脉冲持续时间。

```
irDetectLeft VAR Bit
irDetectRight VAR Bit
pulseLeft VAR Word
pulseRight VAR Word
```

在 DO…LOOP 循环中，用 FREQOUT 指令发送 38.5kHz 的 IR 信号给每个 IR LED。当 1ms 脉冲被发送后，一个位变量立即存储 IR 探测器的输出状态。这是很有必要的，因为如果等待的时间超过一个命令执行的时间，无论是否发现物体，IR 探测器都将返回没有探测到物体的状态（1 状态）。

```
FREQOUT 8, 1, 38500
irDetectLeft = IN9
FREQOUT 2, 1, 38500
irDetectRight = IN0
```

在 IF…THEN 声明中，程序不是直接发送脉冲或调用导航程序，而是设置 PULSOUT 指令中参数 Duration 的值。

```
IF （irDetectLeft = 0）AND （irDetectRight = 0）THEN
pulseLeft = 650
pulseRight = 850
ELSEIF （irDetectLeft = 0）THEN
pulseLeft = 850
pulseRight = 850
ELSEIF （irDetectRight = 0）THEN
pulseLeft = 650
pulseRight = 650
ELSE
pulseLeft = 850
pulseRight = 650
ENDIF
```

在重复 DO…LOOP 循环之前，要做的最后一件事是发送脉冲给伺服电机。注意，PAUSE 命令的参数不再是 20，而是 15，因为要用 5ms 探测 IR LED。

```
PULSOUT 13,pulseLeft                ' Apply the pulse.
PULSOUT 12,pulseRight
PAUSE 15
```

该你了

- 将程序 FastIrRoaming.bs2 另存为 FastIrRoamingYourTurn.bs2。
- 用 LED 指示机器人是否探测到物体。
- 试着更改 pulseLeft 和 pulseRight 的值，使机器人以一半的速度行走。

任务 6：边沿探测器

到目前为止，当机器人探测到前面有障碍物时，要使机器人做避让动作。也有一些场合，当没有探测到障碍物时，机器人也必须采取避让动作。例如，如果机器人在桌子上行走，要让 IR 探测器向下监测桌子表面，如图 7.6 所示。只要 IR 探测器能够“看”到桌子表面，程序都会让机器人继续向前走。换句话说，只要行走的桌子表面能够被探测到，机器人就会继续向前走；如果没有探测到表面，则进行避让。

- 断开教学底板和伺服系统的电源。
- 使 IR 组稍稍指向外侧和下面，如图 7.6 所示。

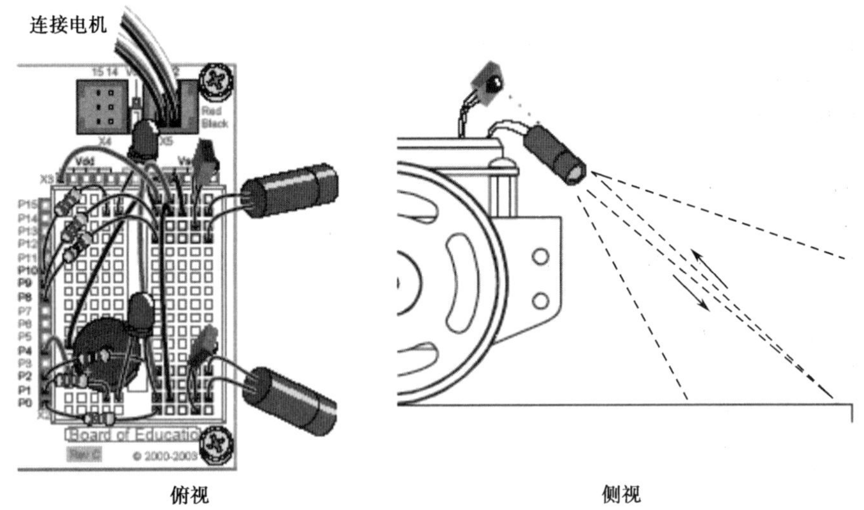

图 7.6　边沿探测器

推荐材料：

（1）卷装黑色聚氯乙烯绝缘带，19mm 宽。

（2）一张白色粘贴板，56cm×71cm。

用绝缘带模拟桌子的边沿

用绝缘带为白色粘贴板制作边框能够很容易地模拟桌子的边沿，这对机器人更安全。

- 如图 7.7 所示，建立一块有黑色绝缘带边界的场地。至少使用 3 条绝缘带，绝缘带各边之间连接紧密，没有纸漏出来。
- 用 2kΩ电阻代替 1kΩ电阻，把 P2 和 P8 连接到其所对应的 IR LED。这里，希望机器人的探测距离近一些。

- 打开教学底板电源。
- 运行程序 IrInterferenceSniffer.bs2，确保临近的荧光灯不会干扰机器人的 IR 探测器。
- 用程序 TestIrPairsAndIndicators.bs2 进行探测，确保机器人探测到粘贴板但探测不到绝缘带。

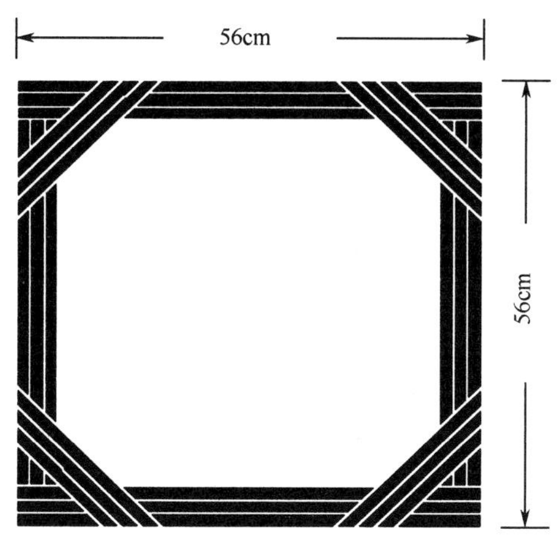

图 7.7　模拟桌面边沿的绝缘带边框

注意：如果机器人仍然能够清晰地看到绝缘带，则尝试下面几种补救办法。

- 尝试用不同的向下角度调整红外线发射器和探测器。
- 尝试选用一种不同的黑色绝缘带。
- 尝试用 4.72kΩ的电阻代替 2kΩ的电阻，让机器人的探测距离更近。
- 调整 FREQOUT 指令的参数 Freq1，下面的推荐参数可以让机器人的探测距离缩短：38 250，39 500，40 500。

当然也有可能是因为红外线发射器太旧或其他原因使探测距离太近，从而看不到边界，这时就要增加机器人的灵敏度，让它能看到更远的距离。这需要用较小的电阻，如 1kΩ或 470Ω甚至 220Ω的电阻代替 2kΩ的电阻。

以上测试成功后，如果你想直接在桌面上试验，请按照下述步骤进行：

- 拆除前面的绝缘胶带后，在实际运行程序前，按照前面的步骤进行测试，观察边沿探测器工作是否正常。
- 确保机器人在桌面的中央，并且密切注意机器人的运动，尤其当它运动到桌子边沿时，要时刻留意机器人是否会从桌面上摔下，在摔下前一定要立即将机器人拿起来，否则有可能摔坏机器人。

- 如果你站在桌子边沿，并正好在红外线的探测范围之内，那么机器人可能会把你当做桌面。目前的机器人程序还不能分辨桌子和人体，所以它可能会继续运动从而从桌子上摔落。因此，应该站在机器人探测范围之外，以免影响机器人的行为。

边沿探测器编程

编程使机器人在桌面上行走而不会走到桌边，只需修改程序 FastIrNavigation.bs2 中的 IF ... THEN 语句即可。主要的修改是，当 irDetectLeft 和 irDetectRight 的值都是 0 时，表明探测到物体（即桌面），机器人向前行走。当某个探测器没有发现物体（桌面）时，机器人也会从该探测器一侧避开边沿。例如，如果 irDetectLeft 的值是 1，则机器人会向右转。

避开边沿程序的第二个特征是可调整的距离。你可能希望机器人在两个探测器探测到桌面时只发送一个向前的脉冲，但是发现边沿时，则要发送几个脉冲，然后再重新开始检测探测器的输出。

仅仅在避让动作中使用了几个脉冲，并不意味着必须返回到触须式的导航编程方法。相反，可以增加变量 pulseCount 来设置传输给机器人的脉冲数。指令 PULSOUT 可以放在 FOR...NEXT 循环中，这样执行 FOR 1 TO pulseCount 时，如果要执行一个向前的脉冲，pulseCount 就是 1；如果要执行 10 个向左的脉冲，pulseCount 就设为 10 等。

例程：AvoidTableEdge.bs2

- 打开程序 FastIrNavigation.bs2，并另存为 AvoidTableEdge.bs2。
- 修改它使其与例程匹配。包括增加变量，更改 IF...THEN 语句，在 FOR...NEXT 循环中嵌套 PULSOUT 命令，确保 IF...THEN 语句中的变量 pulseLeft 和 pulseRight 都做了相应的调整。其值与程序 FastIrNavigation.bs2 中的值是不同的，因为行走规则不同。
- 打开教学底板与电机的电源。
- 在有绝缘带边框的场地上测试程序。
- 如果想在没有绝缘带的桌面上试验此程序，请按照前面的提示步骤进行。

```
' AvoidTableEdge.bs2
' IR detects object edge and navigates to avoid drop-off.

' {$STAMP BS2}
' {$PBASIC 2.5}

DEBUG "Program Running!"

irDetectLeft VAR Bit                ' Variable declarations.
irDetectRight VAR Bit
```

```
pulseLeft VAR Word
pulseRight VAR Word
loopCount VAR Byte
pulseCount VAR Byte

FREQOUT 4, 2000, 3000                ' Signal program start/reset.

DO ' Main Routine.
FREQOUT 8, 1, 38500                  ' Check IR detectors.
irDetectLeft = IN9
FREQOUT 2, 1, 38500
irDetectRight = IN0

' Decide navigation.
IF （irDetectLeft = 0）AND （irDetectRight = 0）THEN
pulseCount = 1                     ' Both detected,
pulseLeft = 850                    ' one pulse forward.
pulseRight = 650
ELSEIF （irDetectRight = 1）THEN ' Right not detected,
pulseCount = 10                      ' 10 pulses left.
pulseLeft = 650
pulseRight = 650
ELSEIF （irDetectLeft = 1）THEN ' Left not detected,
pulseCount = 10                      ' 10 pulses right.
pulseLeft = 850
pulseRight = 850
ELSE ' Neither detected,
pulseCount = 15                      ' back up and try again.
pulseLeft = 650
pulseRight = 850
ENDIF

FOR loopCount = 1 TO pulseCount      ' Send pulseCount pulses
PULSOUT 13,pulseLeft
PULSOUT 12,pulseRight
DPAUSE 20
NEXT

LOOP
```

程序 AvoidTableEdge.bs2 是如何工作的

在程序中加入一个 FOR…NEXT 循环来控制在每次 DO…LOOP 循环中发送多少组脉冲。加入两个变量：loopCount 作为 FOR…NEXT 循环的指针；pulseCount 作为 EndValue 的参数。

```
loopCount VAR Byte
pulseCount VAR Byte
```

在 IF…THEN 声明中设置 pulseCount 的值就像设置 pulseRight 和 pulseLeft 的值一样。如果两个探测器都能看到桌面，则响应一个向前的脉冲。

```
IF （irDetectLeft = 0）AND （irDetectRight = 0）THEN
pulseCount = 1
pulseLeft = 850
pulseRight = 650
```

如果右边的 IR 探测器没有看到桌面，则向左旋转 10 个脉冲。

```
ELSEIF （irDetectRight = 1）THEN
pulseCount = 10
pulseLeft = 650
pulseRight = 650
```

如果左边的 IR 探测器没有看到桌面，则向右旋转 10 个脉冲。

```
ELSEIF （irDetectLeft = 1）THEN
pulseCount = 10
pulseLeft = 850
pulseRight = 850
```

如果两个探测器都看不到桌面，则向后退 15 个脉冲，希望其中一个探测器能够看到桌子边沿。

```
ELSE
pulseCount = 15
pulseLeft = 650
pulseRight = 850
ENDIF
```

现在 pulseCount、pulseLeft 和 pulseRight 的值都已设置好了，FOR…NEXT 循环发送由变量 pulseLeft 和 pulseRight 决定的脉冲数。

```
FOR loopCount = 1 TO pulseCount
PULSOUT 13,pulseLeft
PULSOUT 12,pulseRight
PAUSE 20
```

该你了

可以在 IF…THEN 声明中给 pulseLeft、pulseRight 和 pulseCount 设置不同的值。举个例子，如果机器人走得不远，只是沿着绝缘带的边界行走，则用向后转代替转弯会让机器人的行为很有趣。

- 调整程序 AvoidTableEdge.bs2 中的 pulseCount 的值，使机器人在有绝缘带边界的场地中行走，但不会避开绝缘带太远。
- 要使机器人在场内行走而不是沿边沿行走——用向后转进行试验。

工程素质和技能归纳

- 红外线探测器（发射器和接收器对）的工作原理和简单工程实现方法。
- 如何通过 BASIC Stamp 编程让红外线探测器开始工作并测试。
- 用红色 LED 灯现场测试红外线探测器的电路。
- 确定红外线干扰源的方法。
- 红外线探测距离的调整方法和基本电路原理。
- 用红外线探测器实现机器人漫游避障，并与触觉导航漫游比较。
- 改进漫游程序，提高红外线漫游避障的效率。
- 用红外线探测器检测桌面边沿的思路和用绝缘带模拟边沿的仿真方法。
- 机器人在桌面漫游程序的编写和改进等。

第 8 讲　机器人距离探测

学习情境

第 7 讲用红外线探测器探测是否有物体挡在机器人的前方路线上而不用接触物体，但并不知道物体距离机器人有多远。在一些特殊场合，机器人需要知道这个距离。这种非接触探测物体距离通常是声纳完成的任务：它发送出一组超声波脉冲，然后记录下被物体反射回来的声波所需的时间，然后乘以超声波的传播速度的一半，从而可以计算出距离物体有多远。

本讲并不使用声纳传感器，仍旧采用前面章节中所使用过的非常类似的电路与红外线探测器来探测物体的距离。由于机器人可以探测到物体的距离，所以就可以编程让机器人跟随物体行走而不会碰上它，也可以编程让机器人沿着白色背景上的黑色轨迹行走。

下面将用同第 7 讲中一样的 IR LED/探测电路来探测距离。

- 如果该电路仍然完好地在你的机器人上，则确认红外线 LED 电路中含有 1kΩ的电阻。
- 如果已经拆掉了该电路，请参照第 7 讲的内容重新搭建。

新增工具和原料：尺子，一张白纸。

任务 1：测试扫描频率

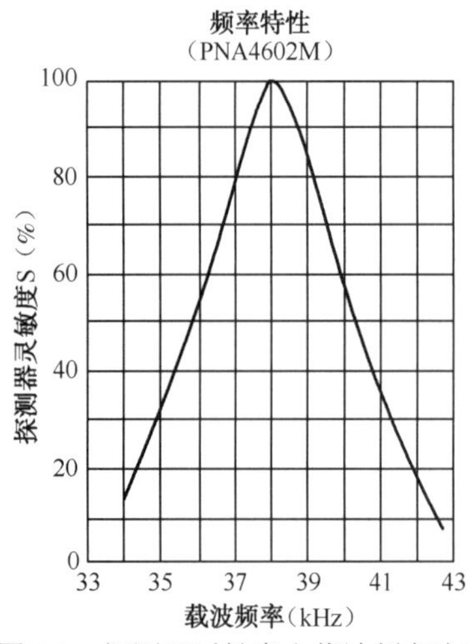

图 8.1　探测器灵敏度由载波频率决定

图 8.1 显示的是一个特殊品牌红外线探测器数据表（Panasonic PNA4602M）的频率特性图。这个特性图显示了红外线探测器在接收到不同于 38.5kHz 频率红外线信号时其敏感程度随频率变化的曲线。例如，当红外 LED 发送频率为 40kHz 的信号给探测器时，探测器的灵敏度是频率为 38.5kHz 的 50%。当发送频率为 42kHz 时，探测器的灵敏度是频率为 38.5kHz 的 20%左右。因此当采用让探测器灵敏度很低的频率的红外线时，为了让探测器探测到红外线的反射，物体必须离探测器更近以便让反射的红外光更强。

从另一个角度来考虑就是，使用最高灵敏度红外线频率可以探测最远距离的物体，较低灵敏度红外线

频率可以探测较近距离的物体。这样，采用红外线探测距离就简单了。选择 5 个不同频率的红外线，从最高灵敏度频率到最低灵敏度频率进行扫描测试。首先用最高灵敏度频率，如果物体被探测到了，就让仅次于它的高灵敏度频率测试，观察是否可以探测到，当探测器探测不到相应的红外线频率时，就可以以此推断机器人到物体的距离。

用频率扫描进行编程做距离探测

下面用图 8.2 说明机器人如何用红外发射频率扫描进行距离探测。在这个例子中，目标物体在区域 3。也就是说，当机器人发送 37 500Hz 和 38 250Hz 频率的红外线时能发现物体，发送 39 500Hz、40 500Hz 及 41 500Hz 频率的红外线就不能发现物体。如果移动物体到区域 2，那么发送 37 500Hz、38 250Hz 及 39 500Hz 频率的红外线可以发现物体，而发送 40 500Hz 和 41 500Hz 频率的红外线就不能发现物体。

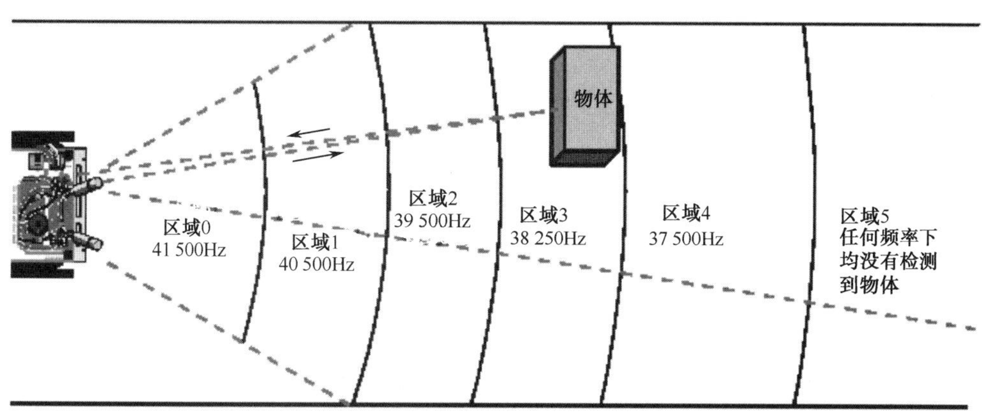

图 8.2　机器人红外频率探测区域

为了对红外线频率进行扫描，要用 FREQOUT 命令发送 5 种不同频率的红外线信号并测试在每种频率下红外线探测器是否可以发现目标。由于每种频率之间的间隔不均匀，因此不宜使用 FOR…NEXT 循环的参数 STEP。可以用参数 DATA 和 READ，但会比较麻烦。也可以用 5 种不同的 FREQOUT 命令，但这样会浪费程序空间。最好的办法是采用 LOOKUP 指令，它可以储存一小段想要依次用到的频率数值到一个列表中，然后通过一个索引使用表中的数值。LOOKUP 命令的用法定义如下：

```
LOOKUP Index, [Value0, Value1, …ValueN], Variable
```

如果变量 Index 的取值为 0，那么方括号中 Value0 的值将被赋给变量 Variable。如果变量 Index 的取值为 1，那么方括号中 Value1 的值将被赋给变量 Variable。列表可以储存 256 个数值，但对于下面的例程而言，只需要 5 个数值。下面是怎样使用它的例子：

```
FOR freqSelect = 0 TO 4
    LOOKUP freqSelect,[37500,38250,39500,40500,41500],irFrequency
    FREQOUT 8,1, irFrequency
    irDetect = IN9
    ' Commands not shown...
NEXT
```

在 FOR…NEXT 循环第一次执行时，freqSelect 的值为 0，所以 LOOKUP 命令把 37 500 赋予变量 irFrequency。因为在执行 LOOKUP 命令之后，变量 irFrequency 值为 37 500，所以 FREQOUT 发送该频率到与 P8 连接的红外线发光二极管上。和前面章节中一样，数值 IN9 保存到变量 irDetect 中。在 FOR…NEXT 循环第二次执行时，freqSelect 的值为 1，所以 LOOKUP 命令把 38 250 赋予变量 irFrequency。第三次重复上述工作时，把 39 500 赋予变量 irFrequency，依次类推。

例程：TestLeftFrequencySweep.bs2

TestLeftFrequencySweep.bs2 要做两件事情。第一，它测试左边的 IR LED/探测器（与 P8 和 P9 连接）以确认它们的距离探测功能正常。第二，它演示如何完成如图 8.2 所示的频率扫描。

当运行该程序时，调试终端将会显示所测量的区域。会有很多可能的“yes”或“no”排列模式出现，如图 8.3 所示是其中的两个。测试模式将由探测器内部的滤波器特性决定。

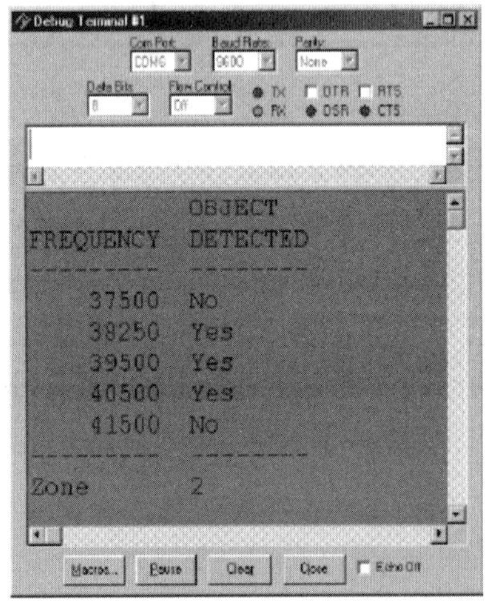

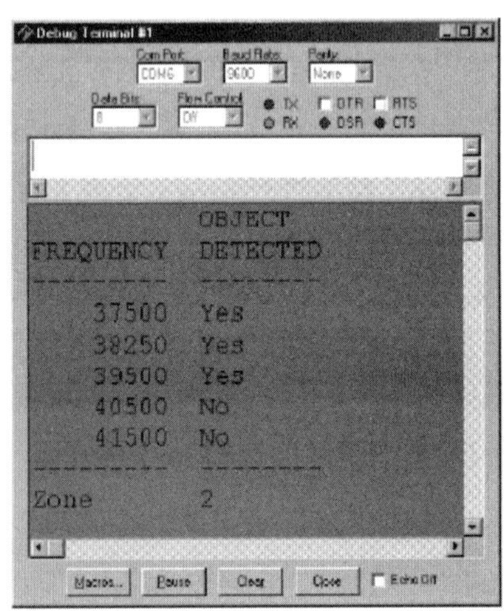

图 8.3　距离探测测试输出示例

程序通过计算“No”出现的数量，就可以确定目标在哪个区域。注意，即使如图 8.3 所示的两个调试终端的测试结果不同，但它们都有三个“Yes”和两个“No”出现，所以在两个例子中“Zone 2”都是探测到的目标区域。

注意：这种距离测量方法显然不是非常精确。然而，它为机器人跟随、跟踪和其他行为提供了一个足够好的探测距离的能力。

- 输入、保存并运行程序 TestLeftFrequencySweep.bs2。
- 用一张纸或卡片面对 IR LED/探测器做测试距离探测。
- 开始时把纸片贴近 IR LED/探测器，大概 1cm 距离。调试终端中显示区域应该为 0 或 1。
- 逐渐把纸片远离 IR LED，并记录每一个让 Zone 值增大的距离。

```
'[ Title ]-----------------------------------------------------------
' TestLeftFrequencySweep.bs2
' Test IR detector distance responses to frequency sweep.
' {$STAMP BS2} ' Stamp directive.
' {$PBASIC 2.5} ' PBASIC directive.
'[ Variables ]-----------------------------------------------------
freqSelect VAR Nib
irFrequency VAR Word
irDetect VAR Bit
distance VAR Nib

'--[ Initialization ]------------------------------------------------
DEBUG CLS," OBJECT", CR,"FREQUENCY DETECTED", CR,"--------- --------"

'[ Main Routine ]---------------------------------------------------
DO
 distance = 0
 FOR freqSelect = 0 TO 4
   LOOKUP freqSelect,[37500,38250,39500,40500,41500], irFrequency
   FREQOUT 8,1, irFrequency
   irDetect = IN9
   distance = distance + irDetect
   DEBUG CRSRXY, 4, （freqSelect + 3）, DEC5 irFrequency
   DEBUG CRSRXY, 11, freqSelect + 3
   IF （irDetect = 0）THEN DEBUG "Yes" ELSE DEBUG "No "
```

```
    PAUSE 100
  NEXT

  DEBUG CR,"--------- --------", CR,"Zone ", DEC1 distance
LOOP
```

该你了——测试右边的 IR LED/探测器

尽管还有许多标注，但只需通过替换下面两行代码修改该程序以测试右边的 IR LED/探测器即可。

将

```
FREQOUT 8,1,irFrequency
irDetect = IN9
```

改为

```
FREQOUT 2,1, irFrequency
irDetect = IN0
```

- 修改程序 TestLeftFrequencySweep.bs2，对右边的 IR LED/探测器做距离探测测试。
- 运行该程序，检验这对 IR LED/探测器能否测量到同样的距离。

同时显示两个距离

用一个快捷的程序让机器人的两个探测器同时进行距离探测，有时是非常有用的。下面的例程由子程序组成，这些子程序可以方便地复制和粘贴到其他需要距离探测的程序中。

例程：DisplayBothDistances.bs2

- 输入、保存并运行程序 DisplayBothDistances.bs2。
- 用纸片重复对每个 IR LED 进行距离探测，然后对两个 IR LED 同时进行测试。

```
' --[ Title ]-----------------------------------------------------
' DisplayBothDistances.bs2
' Test IR detector distance responses of both IR LED/detector pairs to
' frequency sweep.
' {$STAMP BS2} ' Stamp directive.
' {$PBASIC 2.5} ' PBASIC directive.

' --[ Variables ]-----------------------------------------------
```

```
freqSelect VAR Nib
irFrequency VAR Word
irDetectLeft VAR Bit
irDetectRight VAR Bit
distanceLeft VAR Nib
distanceRight VAR Nib

'--[ Initialization ]-------------------------------------------
DEBUG CLS,"IR OBJECT ZONE", CR,"Left Right", CR,"----- -----"

' ---[ MainRoutine ]---------------------------------------------
DO
 GOSUB Get_Distances
 GOSUB Display_Distances
LOOP

'--[ Subroutine – Get_Distances ]------- --------------------------
Get_Distances:
 distanceLeft = 0
 distanceRight = 0
 FOR freqSelect = 0 TO 4
   LOOKUP freqSelect,[37500,38250,39500,40500,41500], irFrequency
   FREQOUT 8,1,irFrequency
   irDetectLeft = IN9
   distanceLeft = distanceLeft + irDetectLeft
   FREQOUT 2,1,irFrequency
   irDetectRight = IN0
   distanceRight = distanceRight + irDetectRight
   PAUSE 100
 NEXT
RETURN

'--[ Subroutine – Display_Distances ]---------------------------
Display_Distances:
 DEBUG CRSRXY,2,3, DEC1 distanceLeft,
 CRSRXY,9,3, DEC1 distanceRight
RETURN
```

该你了——更多的距离测试

- 尝试测量不同距离的物体，弄清物体的颜色和（或）材质是否会造成距离测量的差异。

任务 2：机器人尾随控制

本任务要让一个机器人跟随另一个机器人行走。跟随的机器人，也叫尾随机器人，它必须知道距离引导车有多远。如果尾随机器人落在后面，则它必须能察觉并加速。如果尾随机器人距离引导车太近，它也能察觉并减速。如果当前距离正好合适，那么它会等待直到测量距离变远或变近。

距离仅仅是机器人和其他自动化机器需要控制的变量之一。当一个机器被设计用来自动维持某一数值，如距离、压力或液位时，它一般都包含一个控制系统。这些系统有时由传感器和阀门组成，有时由传感器和电机组成。在本书使用的机器人里面，控制系统由传感器和连续旋转的电机组成。除此之外，控制系统还必须有某些处理器可以接收传感器的测量结果并把它们转化为控制指令输出给电机，由电机转化为机械运动。必须通过对处理器编程来对传感器的输入做出决定，从而控制机械输出。对本书使用的机器人而言，处理器就是 BASIC Stamp 2。

闭环控制是一种常用的维持控制目标的方法，它可以很好地帮助机器人保持与一个物体之间的距离。闭环控制算法类型多种多样，最常用的有滞后、比例、积分及微分控制。

绝大部分控制算法都可以用很少的几行 PBASIC 代码来实现。事实上，如图 8.4 所示的比例控制环的主要部分可以精简为一行 PBASIC 代码。这个图称为方框图，它描述了机器人用到的比例控制过程的步骤，即机器人用右边的 IR LED/探测器探测距离并用右边的伺服电机调节机器人之间的位置以维持适当的距离。

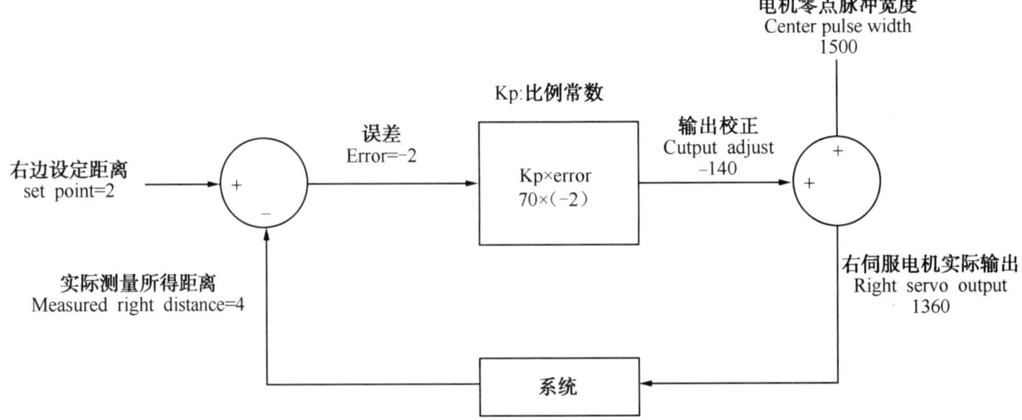

图 8.4　右边伺服电机及 IR LED/探测器的比例控制方框图

请仔细观察图 8.4 中的数字，学习一下比例控制是如何工作的。设定位置为 2，说明想让机器人维持它和任何它探测到的物体之间的距离是 2。测量的距离为 4，距离太远。误差是设定值减去测量值的差，即 2−4=−2，这在圆圈的左方以符号的形式指出，这个圆圈叫求和点。接着，误差传入一个操作框。这个操作框显示，误差将乘以一个比例常数 Kp，Kp 的值为 35。该操作框的输出显示为−2×35=−70，这叫输出校正。将这个输出校正的结果输入到另一个求和点，这时它与电机的零点脉冲宽度 750 相加，相加的结果是 680。这个脉宽可以让电机大约以 3/4 全速顺时针旋转，这让机器人右轮向前、朝着物体的方向旋转。这个修正值加入到由机器人及距离为 4 的目标物体组成的整个系统中。

第二次经过闭环，测量距离可能发生变化，但是没有问题，因为不管测量距离如何变化，这个控制环路都会计算出一个数值，让电机旋转来纠正任何误差。修正值与误差总是成比例关系，该误差就是设定位置和测量位置关系的偏差。

控制环路都有一组方程来主导系统行为。图 8.4 中的方框图是对该组方程的可视化描述方法。下面是从方框图中归纳出来的方程关系及结果：

Error = Right distance set point−Measured right distance
　　= 2−4

Output adjus = error • Kp
　　= −2×35
　　= −70

Right servo output = Output adjust+Center pulse width
　　= −70+750
　　= 680

通过一些置换，上面 3 个等式可被简化为一个，能提供相同的结果：

Right servo output = （Right distance set point−Measured right distance）• Kp
　　+ Center pulse width

代入数值，可以得到一致的结果：

Right servo output = （2−4）×35+750
　　= 680

左边的 IR LED/探测器及左边的伺服电机的控制框图如图 8.5 所示，与右边的运算法则类似。不同的是比例系数 Kp 的值由 35 替换为−35。假设与右边的测量值一样，那么输出修正的脉冲宽度应该为 820。下面是该框图的计算等式：

Left servo output = （Left distance set point − Measured left distance）• Kp
　　+ Center pulse width
　　= （2−4）×（−35）+750
　　= 820

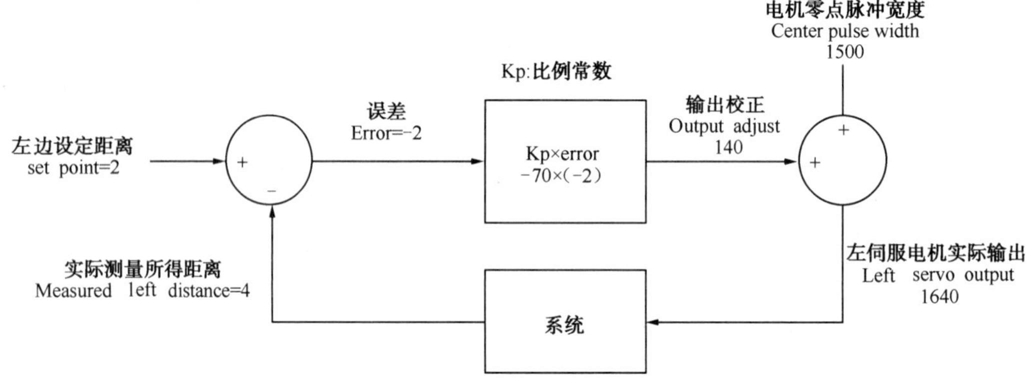

图 8.5　左伺服电机及 IR LED/探测器的比例控制方框图

这个控制环的值让电机以大约 3/4 全速逆时针旋转。这对机器人的左轮来讲是一个向前旋转的脉宽。反馈的意思是，系统的输出被尾随机器人重新采样做另一个距离探测。控制环路一次又一次地重复运行，大概每秒 40 次。

对尾随机器人编程

记住右边伺服电机的输出方程为：

Right servo output=（Right distance set point−Measured right distance）• Kp

+ Center pulse width

下面的例子说明如何用 PBASIC 语言求解上面的方程。将右边距离设置为 2，测量距离由变量 distanceRight 存储，Kp 为 35，零点脉冲宽度为 750。

pulseRight=（2−distanceRight）×35+750

左伺服电机的比例系数 Kp 为−35，则

pulseLeft =（2−distanceLeft）×（−35）+750

既然数值−35、35、2 和 750 全都有命名，因此对这些常数声明如下：

```
Kpl CON-35
Kpr CON 35
SetPoint CON 2
CenterPulse CON 750
```

由于程序中有这些常数声明，因此可以用 Kpl 代替−35，Kpr 代替 35，SetPoint 代替 2，CenterPulse 代替 750。在常量声明之后，比例控制计算式现在看起来为

```
pulseLeft = （SetPoint – distanceLeft）• Kpl + CenterPulse
pulseRight =（SetPoint – distanceRight）• Kpr + CenterPulse
```

将变量声明为常量的便利在于，只需在程序的开始部分对变量值做一次改变即可。后面程序用到该常量的地方都会自动进行修改。例如，把 Kpl CON 指令由-35 改为-40，那么程序中所有 Kpl 的值都会由-35 更改为-40。对于左右比例控制系统的调试试验来讲，这是非常有用的。

例程：FollowingRobot.bs2

FollowingRobot.bs2 重复刚才讨论过的各个伺服脉冲比例控制环。换句话说，在每个脉冲发送之前，需要测量距离，决定误差信号，然后将误差值乘以比例系数 Kp，再将结果加上（或减去）发送到左（或右）伺服电机的脉冲宽度值。

- 输入、保存并运行程序 FollowingRobot.bs2。
- 把大小为 22cm×28cm 的纸片置于机器人的前面，就像障碍物墙。机器人应该维持它和纸片之间的距离为预定的距离。
- 尝试轻轻旋转一下纸片，机器人应该随之旋转。
- 尝试用纸片引导机器人四处运动，机器人应该跟随它。
- 移动纸片，使它离机器人特别近时，机器人应该后退，远离纸片。

```
' -[ Title ]------------------------------------------------------------
' FollowingRobot.bs2
' Robot adjusts its position to keep objects it detects in zone 2.
' {$STAMP BS2} ' Stamp directive.
' {$PBASIC 2.5} ' PBASIC directive.

DEBUG "Program Running!"

'----[ Constants ]-----------------------------------------------
Kpl CON-35
Kpr CON 35
SetPoint CON 2
CenterPulse CON 750

' -----[ Variables ]-------------------------------------------------
freqSelect VAR Nib
irFrequency VAR Word
irDetectLeft VAR Bit
irDetectRight VAR Bit
distanceLeft VAR Nib
distanceRight VAR Nib
```

```
pulseLeft VAR Word
pulseRight VAR Word

' -----[ Initialization ]--------------------------------------------
FREQOUT 4, 2000, 3000

' -----[ Main Routine ]----------------------------------------------
DO
 GOSUB Get_Ir_Distances

 ' Calculate proportional output.
 pulseLeft = （SetPoint – distanceLeft）* Kpl + CenterPulse
 pulseRight = （SetPoint – distanceRight）* Kpr + CenterPulse

 GOSUB Send_Pulse
LOOP

' -----[ Subroutine - Get IR Distances ]------------------------------
Get_Ir_Distances:
 distanceLeft = 0
 distanceRight = 0
 FOR freqSelect = 0 TO 4
   LOOKUP freqSelect,[37500,38250,39500,40500,41500], irFrequency
   FREQOUT 8,1,irFrequency
   irDetectLeft = IN9
   distanceLeft = distanceLeft + irDetectLeft
   FREQOUT 2,1,irFrequency
   irDetectRight = IN0
   distanceRight = distanceRight + irDetectRight
 NEXT
RETURN

' -----[ Subroutine – Get Pulse ]-------------------------------------
Send_Pulse:
 PULSOUT 13,pulseLeft
 PULSOUT 12,pulseRight
 PAUSE 5
RETURN
```

程序 FollowingRobot.bs2 是如何工作的

程序 FollowingRobot.bs2 通过 CON 指令声明了 4 个变量 Kpr、Kpl、SetPoint 和 CenterPulse。无论什么地方出现 SetPoint，它实际上都是 2。同样，在任何地方看到的 Kpl，实际上都是-35，Kpr 实际上都是 35，CenterPulse 都是 750。

```
Kpl CON -35
Kpr CON 35
SetPoint CON 2
CenterPulse CON 750
```

主程序做的第一件事是调用 Get_Ir_Distances 子程序。Get_Ir_Distances 子程序运行完成之后，变量 distanceLeft 和 distanceRight 分别包含一个与区域相对应的数值，该区域里的目标被左、右红外线探测器探测到。

```
DO
    GOSUB Get_Ir_Distances
```

后边两行代码对每个电机执行比例控制计算。

```
' Calculate proportional output.
pulseLeft = （SetPoint – distanceLeft）* Kpl + CenterPulse
pulseRight = （SetPoint – distanceRight）* Kpr + CenterPulse
```

现在 pulseLeft 和 pulseRight 的计算做完了，可以调用子程序 Send_Pulse 了。

```
GOSUB Send_Pulse
```

DO...LOOP 循环的 LOOP 使程序立刻返回到主循环开始的 DO 后面的命令。

```
LOOP
```

该你了

如图 8.6 所示是导引机器人和尾随机器人。导引机器人运行的程序是 FastIrRoaming.bs2 修改后的版本，尾随机器人运行的程序是 FollowingRobot.bs2。比例控制让尾随机器人成为忠实的追随者。一个导引机器人可以引导大概 6～7 个尾随机器人。只需要把导引机器人的侧面板和后挡板加到其他的尾随机器人上即可。

- 如果你是在一个班级里学习控制机器人，则把纸板安装在你的机器人的两侧和尾部，参见图 8.6。

- 如果你是个人爱好者并且只有一个机器人，那么可以让尾随机器人跟随一张纸或你的手来运动，就和跟随导引机器人一样。
- 用阻值为 470Ω或 220Ω的电阻替换连接机器人的 P2 和 P8 到红外线发光二极管的 1kΩ电阻。

图 8.6　导引机器人（左）和尾随机器人（右）

- 使用程序 FastIrRoaming.bs2 修改后的版本对机器人编程来做避障试验，打开程序 FastIrRoaming.bs2，重命名为 SlowerIrRoamingForLeadRobot.bs2。
- 对程序 SlowerIrRoamingForLeadRobot.bs2 做以下修改：
  - 将所有 PULSOUT 指令中小于 750 的参数 Duration 的值增加一些，如把 650 增加为 710。
  - 将所有 PULSOUT 指令中大于 750 的参数 Duration 的值减小一些，如把 850 减小为 790。
- 尾随机器人运行程序 FollowingRobot.bs2，不用做任何修改。
- 让各个机器人都运行自己的程序，把尾随机器人放在导引机器人的后面。尾随机器人应该跟随一个固定的距离，只要它不被其他的诸如手或附近墙壁等引开。

可以通过调整 SetPoint 和比例常数来改变尾随机器人的行为。用手或一张纸片来引导尾随机器人，做下面练习。

- 尝试用范围为 15～50 的常量 Kpr 和 Kpl 运行程序 FollowingRobot.bs2，注意机器人在跟随目标运动时的响应有何差异。
- 尝试调节常量 SetPoint 的值，范围为 0～4。

任务 3：跟踪条纹带

图 8.7 是要铺设的一个路径。路径铺好后需要编程使机器人跟随该路径运动。路径中每

个条纹带是由 3 条 19mm 宽的黑色聚乙烯绝缘带平行粘贴在白色粘贴板上组成的，绝缘带条纹之间不能漏出白色底板。

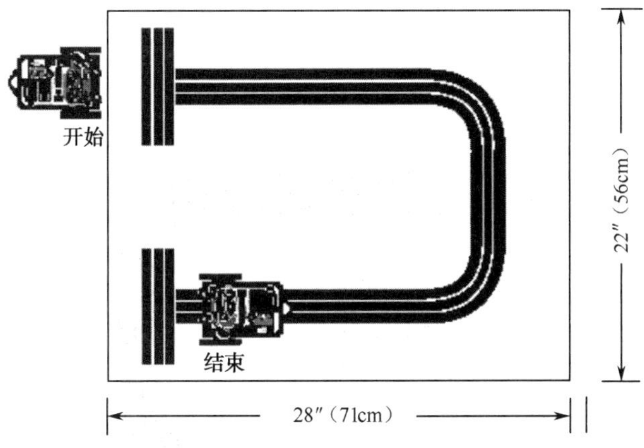

图 8.7　条纹带跟随路径

搭建路径

为了成功跟踪该路径，首先必须测试和调节机器人及铺好的条纹带。

需要的材料：

（1）一张粘贴板，大概尺寸为 56cm×71cm。

（2）19mm 宽的黑色聚乙烯绝缘带一卷。

● 参见图 8.7，用白色粘贴板和绝缘带铺设运行路径。

测试条纹带

● 调节 IR LED/探测器的位置向下和向外，如图 8.8 所示。

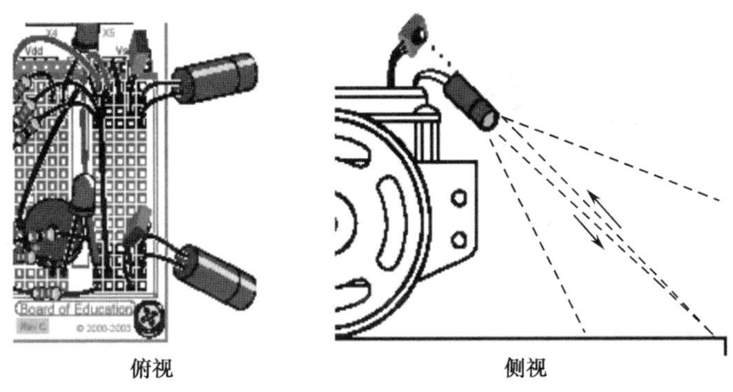

图 8.8　红外线探测器朝下扫描条纹带

- 确保绝缘带路径不受荧光灯干扰。
- 用 2kΩ电阻代替与 IR LED 串联的 1kΩ电阻，使机器人探测距离更近。
- 运行程序 DisplayBothDistances.bs2。机器人与串口电缆相连，以便你能看到显示的距离。
- 如图 8.9 所示，把机器人放在白色粘贴板上。

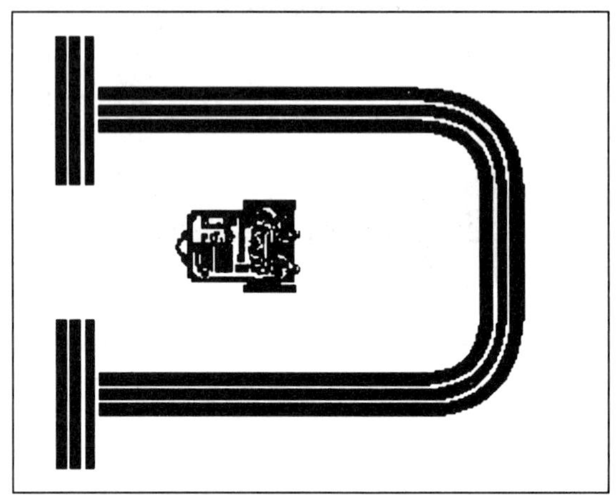

图 8.9　白色底板测试——俯视图

- 验证区域读数是否表示被探测的物体在很近的区域，两个探测器给出的读数都是 1 或 0，即机器人可以看到白色底板。
- 放置机器人，使两个 IR LED/探测器都直接指向 3 条绝缘带的中心，如图 8.10 和图 8.11 所示。

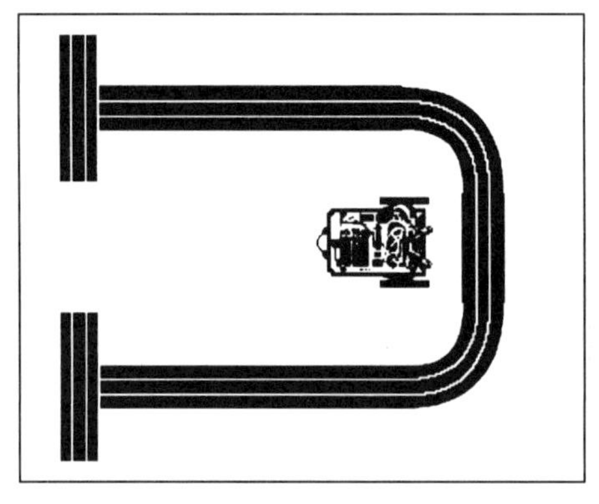

图 8.10　绝缘带测试（俯视图）

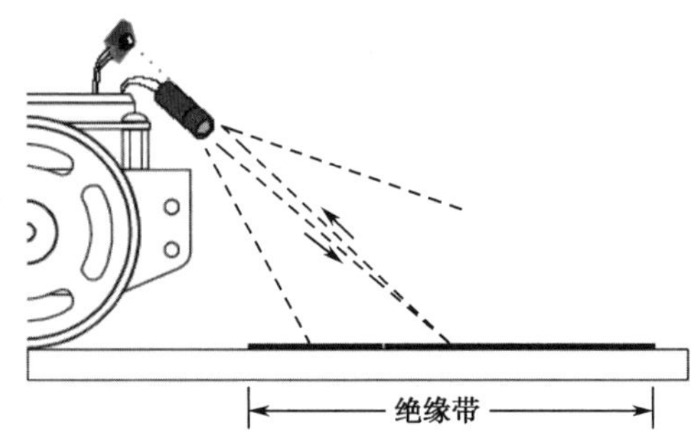

图 8.11　绝缘带测试（侧视图）

- 调整机器人的位置（靠近或远离绝缘带）直到两个区域的值都达到 4 或 5，这表明要么发现一个很远的物体，要么没有发现物体。即机器人看不到绝缘带，就表示机器人认为前面没有障碍物。
- 如果在绝缘带路径上很难获得比较高的读数值，则参考“绝缘带路径排错”部分。

绝缘带路径排错

如果 IR LED/探测器指向绝缘带路径的中心时不能获得比较高的读数值，那么用 4 条绝缘带代替原来的 3 条绝缘带在纸上铺设路径。如果区域读数仍然低，则确认是用 2kΩ（红-黑-红）电阻串联在 IR LED 上。也可以试用 4.7kΩ电阻使机器人的探测距离更近。如果都不行，则试试不同的绝缘带。调整 IR LED/探测器，使它们指向更靠近或更远离机器人前部。

如果白色底板区域测试有问题，则试试将 IR LED/探测器指向更靠近机器人的方向，但是注意不要让底板带来干扰。也可以试试一个更低阻值，如 1kΩ（棕-黑-红）的电阻。

如果用老的缩小包装的 IR LED 代替带套筒的 IR LED，那么当 IR LED/探测器聚焦在白色背景上时要得到一个低区域的值可能有问题。这些 IR LED 可能需要串联 470Ω（黄-紫-棕）电阻或 220Ω（红-红-棕）电阻，还要确保 IR LED 的引脚没有相互接触。

现在，将机器人放在绝缘带路径上，它的轮子正好跨在黑色线上。IR 探测器应该稍稍向外，如图 8.12 所示。验证两个距离读数是否又是 0 或 1。如果读数较高，则意味着 IR 探测器需要再稍微朝远离绝缘带边缘的方向调整一下。

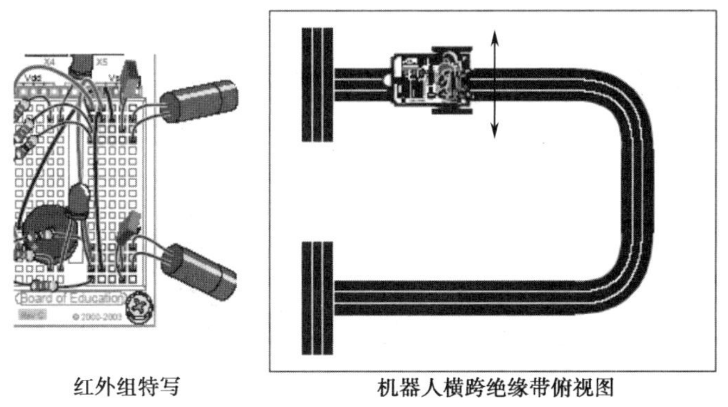

图 8.12　IR 探测器朝向放大图

当把机器人沿图中双箭头所示的任意一个方向移动时，两个 IR 中的一个会指向绝缘带。当做了这些后，这个指向绝缘带的 IR 的读数应该增加到 4 或 5。记住，如果将机器人向左移动，则右边探测器的值会增加；如果将机器人向右移动，则左边探测器的值会增加。

- 调整 IR LED/探测器直到机器人通过这个最后的测试，然后可以试验下面的程序让机器人沿着条纹带行走。

编程跟踪条纹带

只需对程序 FollowingRobot.bs2 做一点小小的调整，就可以使机器人跟踪条纹带行走。首先，机器人应当向前运动以使到目标的距离比 SetPoint 值更近，或离开目标使距离比 SetPoint 值更远，这同程序 FollowingRobot.bs2 的表现相反。当机器人离物体的距离不在 SetPoint 的范围内时，让机器人向相反的方向运动，只需简单地更改 Kpl 和 Kpr 的符号即可。换句话说，将 Kpl 由−35 改为 35，Kpr 由 35 改为−35。你需要用 SetPoint 做试验，当值从 2 到 4 时，系统工作得最好。下面的例程将用值为 3 的 SetPoint。

例程：StripeFollowingBoeBot.bs2

- 打开程序 FollowingRobot.bs2，另存为 StripeFollowingBoeBot.bs2。
- 将 SetPoint 声明由 SetPoint CON 2 改为 SetPoint CON 3。
- 将 Kpl 由−35 改为 35。
- 将 Kpr 由 35 改为−35。
- 运行程序。
- 将机器人放在如图 8.13 所示的“Start”位置，机器人将静止。把手放在 IR 组前面时，它会向前移动。当它走过了开始的条纹带时，把手移开，它会沿着条纹带路径行走。当它看到“Finish”条纹带时，它应该停止不动。

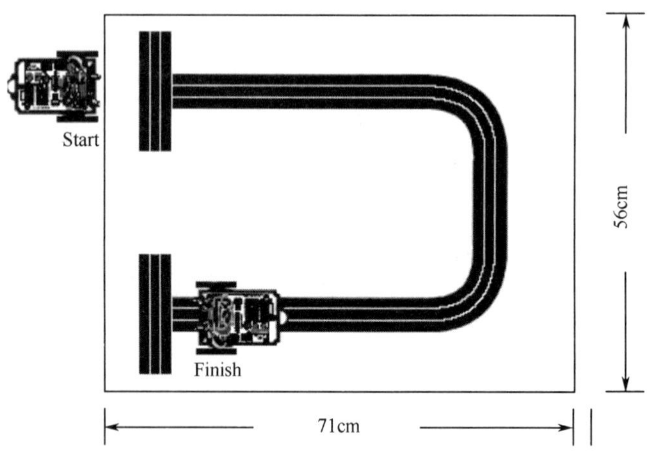

图 8.13　机器人沿着条纹带路径行走

- 假定从绝缘带获得的距离读数为 5，从白色粘贴板获得的读数为 0，SetPoint 的常量值为 2、3 和 4 时都可以正常工作。尝试不同的 SetPoint 值，注意机器人在条纹带上行走时的性能。

```
' -----[ Title ]-----------------------------------------------
' StripeFollowingBoeBot.bs2
' Robot adjusts its position to move toward objects that are closer
' than zone 3 and away from objects further than zone 3. Useful for
' following a 2.25 inch wide vinyl electrical tape stripe.

' {$STAMP BS2} ' Stamp directive.
' {$PBASIC 2.5} ' PBASIC directive.

DEBUG "Program Running!"
' -----[ Constants ]-------------------------------------------
Kpl CON 35 ' Change from -35 to 35
Kpr CON -35 ' Change from 35 to -35
SetPoint CON 3 ' Change from 2 to 3.
CenterPulse CON 750

' -----[ Variables ]-------------------------------------------
freqSelect VAR Nib
irFrequency VAR Word
irDetectLeft VAR Bit
irDetectRight VAR Bit
distanceLeft VAR Nib
distanceRight VAR Nib
pulseLeft VAR Word
pulseRight VAR Word

' -----[ Initialization ]--------------------------------------
FREQOUT 4, 2000, 3000

' -----[ Main Routine ]----------------------------------------
DO
  GOSUB Get_Ir_Distances

  ' Calculate proportional output.
  pulseLeft = （SetPoint – distanceLeft）* Kpl + CenterPulse
  pulseRight = （SetPoint – distanceRight）* Kpr + CenterPulse

  GOSUB Send_Pulse
LOOP
```

```
' -----[ Subroutine - Get IR Distances ]-----------------------
Get_Ir_Distances:
  distanceLeft = 0
  distanceRight = 0
  FOR freqSelect = 0 TO 4
    LOOKUP freqSelect,[37500,38250,39500,40500,41500], irFrequency
    FREQOUT 8,1,irFrequency
    irDetectLeft = IN9
    distanceLeft = distanceLeft + irDetectLeft
    FREQOUT 2,1,irFrequency
    irDetectRight = IN0
    distanceRight = distanceRight + irDetectRight
  NEXT
RETURN

' -----[ Subroutine - Get Pulse ]------------------------------
Send_Pulse:
  PULSOUT 13,pulseLeft
  PULSOUT 12,pulseRight
  PAUSE 5
RETURN
```

该你了——沿着条纹带行走比赛

倘若你的机器人能忠实地在“Start”和“Finish”条纹带处等待，那么你可以把这个试验转化为比赛，费时最少者获胜。你也可以搭建其他的路径。为了最好的性能，用不同的 SetPoint 值、Kpl 和 Kpr 做试验。

工程素质和技能归纳

- 红外线探测器（发射器和接收器对）扫描路径测量距离的工作原理和工程实现方法。
- 如何通过 BASIC Stamp 编程让红外线探测器进行距离探测。
- 反馈控制的基本概念和比例控制器的实现方法。
- 用红外距离测量和比例控制器实现机器人尾随运动的思路和方法。
- 控制器参数的调整对尾随机器人跟踪性能的影响。
- 改进尾随机器人的程序使其可以跟踪条纹带。

附录A　本书所使用机器人部件清单

部 件 清 单	单位和规格	数　　量
实验主板	块	1
BS2 芯片	个	1
连续旋转伺服电机	套	2
机器人运动底盘(带前轮)	套	1
电池盒	个	1
驱动轮	个	2
防滑皮套	个	2
线路板连接柱子	25mm	4
柱子（连接触觉传感器）	13mm	2
盘头螺钉	$M3$×8mm	22
螺母	$M3$mm	18
沉头螺钉	$M3$×8mm	4
螺钉	$M3$×20mm	4
螺丝刀	把	1
跳线	根	10
R14 蜂鸣器	个	1
EL-1L1	只	2
1938	只	2
触须	根	2
防水开关	只	1
10μF 插件电解电容	个	2
1μF 电解电容	个	1
104P 聚丙烯	个	4
103P 聚丙烯	个	2
LED 灯	个	2
插件电阻	支	22
5527 光敏电阻	个	2

注：以上所有配件均由深圳市中科鸥鹏智能科技有限公司提供，相应的零配件供应信息可以登录 www.szopen.cn 网站查询。

反侵权盗版声明

举报电话：（010）88254396；（010）88258888
传　　真：（010）88254397
E-mail:　　dbqq@phei.com.cn
通信地址：北京市万寿路173信箱
　　　　　电子工业出版社总编办公室
邮　　编：100036